乡村振兴
RURAL REVITALIZATION

"三农"培训精品教材

乡村规划
与乡村治理

● 杨景康　王烁凯　刘德勇　主编

U0349335

中国农业科学技术出版社

图书在版编目（CIP）数据

乡村规划与乡村治理／杨景康，王烁凯，刘德勇主编 . --北京：中国农业科学技术出版社，2024.6.
ISBN 978-7-5116-6874-5

Ⅰ . TU982.29；D638

中国国家版本馆 CIP 数据核字第 2024FQ1813 号

责任编辑	张志花
责任校对	王 彦
责任印制	姜义伟　王思文

出 版 者	中国农业科学技术出版社
	北京市中关村南大街 12 号　　邮编：100081
电 话	（010）82106636（编辑室）　　（010）82106624（发行部）
	（010）82109709（读者服务部）
网 址	https：//castp.caas.cn
经 销 者	各地新华书店
印 刷 者	中煤（北京）印务有限公司
开 本	140 mm×203 mm　1/32
印 张	5
字 数	140 千字
版 次	2024 年 6 月第 1 版　2024 年 6 月第 1 次印刷
定 价	33.00 元

《乡村规划与乡村治理》
编委会

前　　言

　　随着中国城市化进程的加速，乡村的发展与治理日益受到社会各界的关注。乡村规划与乡村治理作为推动乡村发展的重要手段，其重要性不言而喻。然而，由于历史和现实的多重因素，乡村在规划与治理方面仍存在一些亟待解决的问题，如规划意识薄弱、治理体系不健全、参与机制不完善等。

　　本书旨在深入探讨乡村规划与乡村治理的关键知识，为乡村的可持续发展提供有益的参考。本书共 10 章，分别为乡村规划概述、村庄规划设计、乡村基础设施规划、乡村公共服务设施规划、乡村产业发展规划、乡村治理概述、乡村环境治理、加强村民自治、提升乡村法治、塑造乡村德治。

　　本书紧密贴合乡村实际，注重理论与实践相结合，具有较强的实用性、系统性和可读性。

　　由于时间仓促，本书在编写过程中难免存在一些不足之处，敬请读者批评指正。

编　者

2024 年 3 月

目　　录

第一章　乡村规划概述

第一节　乡村规划的概念和发展

一、乡村规划的概念

乡村规划是指在一定时期内对乡村的社会、经济、文化传承与发展等所做的综合部署，是指导乡村发展和建设的基本依据。乡村规划的概念包含以下几个关键要素。

（一）综合性

乡村规划不仅包括土地利用和物质建设，还涉及社会经济发展、生态环境保护、文化传承等多个方面，需要综合考虑各种因素和目标。

（二）地域性

乡村规划需要考虑乡村的自然环境、地理特征、文化背景和居民需求，制定符合当地实际情况的规划方案。

（三）实用性

乡村规划注重实际操作性，规划方案应具体、可行，并能够解决乡村发展中的实际问题。

（四）可持续性

乡村规划强调发展的可持续性，注重保护自然资源和生态环境，为后代留下良好的生存环境。

二、乡村规划的意义

(一) 乡村规划是乡村发展的蓝图

乡村规划为乡村发展提供了明确的方向和目标。通过规划，可以确定乡村发展的重点领域、优先顺序和实施步骤。规划不仅包括基础设施建设、产业发展、生态环境保护等方面，还涉及社会服务、文化传承、居民生活质量改善等多个层面。规划的科学制定和合理布局，有助于乡村地区有序发展，避免无序建设和资源浪费。

(二) 乡村规划引导资源合理配置

乡村规划通过合理配置土地、资金、人力等资源，确保乡村发展的需求得到满足。规划可以帮助决策者识别乡村地区的优势和不足，从而制定出更加有针对性的发展策略。例如，规划可以指导将资源投入最具潜力的产业或最需要改善的基础设施上，从而提高资源利用效率，促进乡村经济的持续健康发展。

(三) 乡村规划促进社会经济发展

良好的乡村规划能够促进乡村地区的经济多样化和产业升级。通过规划，可以引导乡村发展特色农业、乡村旅游、绿色能源等新兴产业，增加乡村居民的收入来源，提高乡村地区的经济活力。同时，规划还可以帮助改善乡村的营商环境，吸引外部投资，促进乡村经济的全面发展。

(四) 乡村规划保障生态环境可持续性

乡村规划强调生态环境保护和可持续发展，通过规划可以有效地保护乡村的自然资源和生态环境。规划中包含生态保护区域的划定、绿色基础设施的建设、污染治理等措施，以确保乡村发展不会以牺牲环境为代价。这有助于实现乡村地区的长期可持续发展，保护生物多样性，维护生态平衡。

（五）乡村规划提升居民生活质量

乡村规划不仅关注经济发展，还关注居民的生活质量。规划中包含教育、医疗、文化、体育等公共服务设施的建设和改善，以及住房条件、交通出行、公共安全等方面的提升。通过规划实施，乡村居民可以享受到更好的公共服务和更加舒适的生活环境，从而提高居民的幸福感和满意度。

（六）乡村规划加强社会治理

乡村规划还包括社会治理和社区建设的内容，通过规划可以加强乡村的社会治理体系和治理能力。规划中涉及乡村治理结构的优化、村民自治机制的建立、法律法规的宣传教育等方面，有助于提高乡村地区的社会管理水平，维护社会稳定和谐。

总之，乡村规划是乡村发展的先导和基础，它为乡村发展提供了科学指导和系统布局。通过有效的规划实施，可以促进乡村地区的经济、社会、环境等多方面的协调发展，实现乡村振兴的目标。

三、乡村规划的发展阶段

乡村规划是对乡村未来一定时期内发展作出的综合部署与统筹安排，是乡村开发、建设与管理的主要依据。我国真正意义上的乡村规划起步于改革开放后，经历了初步成型、探索实践、调整完善等发展阶段。

（一）初步成型阶段（1978—1988 年）：从房屋建设扩大到村镇建设范畴

1981 年，国务院下发《国务院关于制止农村建房侵占耕地的紧急通知》，同年提出"全面规划、正确引导、依靠群众、自力更生、因地制宜、逐步建设"的农村建房总方针，同年的第二次全国农村房屋建设工作会议将农村房屋建设扩大到村镇建设范畴。自此，村镇规划列入了国家经济社会发展计划。1982 年，国家建委与国家农委联合颁布《村镇规划原则》，对村镇规划的任务、内容作出了原则性规定。这一阶段，村镇规划从无到有，我国乡村逐步走上有规划可循的发展轨道。

（二）探索实践阶段（1989—2013 年）：城市规划模式下的村镇规划体系的探索

1989 年，《中华人民共和国城市规划法》颁布，该法以城市为范围，没有对村镇规划的规范和标准进行定义，造成了城乡规划割裂，村镇规划编制无法可依、规划编制不规范等问题。但村镇规划编制的探索并未停止，1988—1990 年，村镇建设司分三批在全国进行试点，探索村镇规划的编制。1993 年，国务院发布《村庄和集镇规划建设管理条例》；同年，我国第一个关于村镇规划的国家标准《村镇规划标准》发布，成为后来乡村规划编制的重要标准与指南。2000 年，在试点实践与多方论证基础上，建设部颁布《村镇规划编制办法》，规定编制村镇规划一般分为村镇总体规划和村镇建设规划两个阶段，从现状分析图、总体规划、村镇建设规划等几个方面规范了村镇规划的编制。2007年，建设部和国家质量监督检验检疫总局联合发布的《镇规划标准》提出了镇规划的标准与指南，但对中心镇周边的乡村区域重视不够。2008 年，《中华人民共和国城乡规划法》发布，代替了使用 10 年的《中华人民共和国城市规划法》，该法将城乡一体化写入法律，强化了对村镇规划编制与实施的监督与检查。之后，"村镇体系规划"逐渐替代"村庄集镇规划"，初步形成了镇、乡、村的乡村规划体系。这一阶段，村镇规划深入实践、渐成体系。虽然还深受城市规划模式的影响，但从乡村角度出发、适合乡村发展需求的规划理念已经开始成为共识。

（三）建设完善阶段（2014 年至今）：构建乡村振兴视角下的县域村镇体系

2014 年，《住房和城乡建设部关于做好 2014 年村庄规划、镇规划和县域村镇体系规划试点工作的通知》提出通过试点工作进一步"探索符合新型城镇化和新农村建设要求、符合村镇实际、具有较强指导性和实施性的村庄规划、镇规划理念和编制方法，以及'多规合一'的县域村镇体系规划编制方法"。2015 年，中共中央办公厅、国务院下发的《深化农村改革综合性实施方案》提出，"完善城乡发展一体化的规划体制"，要求"构建适应我国城乡统筹发展的规划编制体系"。同年，住房和城乡建设部发布《关于改革创新　全面有效推进乡村规划工作的指导意见》提出，"到 2020 年，全国所有县（市）都要完成县（市）域乡村建设规划编制或修编"。2019 年 1 月，中央农办、农业农村部、自然资源部、国家发展改革委、财政部联合出台《关于统筹推进村庄规划工作的意见》，明确了村庄规划工作的总体要求。2019 年 5 月，自然资源部办公厅印发《关于加强村庄规划促进乡村振兴的通知》，对村庄规划的主要任务进行了全面部署，强调坚持因地制宜、突出地域特色；坚持有序推进、务实规划。2020 年 12 月，为推进乡村振兴战略实施，自然资源部办公厅印发了《关于进一步做好村庄规划工作的意见》，针对当前村庄规划工作中反映的一些问题，提了 7 条意见。2024 年 2 月，自然资源部、中央农村工作领导小组办公室联合印发《关于学习运用"千万工程"经验提高村庄规划编制质量和实效的通知》，明确了新的任务和要求，突出问题导向，坚持"多规合一"改革方向，坚持统筹新型城镇化和乡村全面振兴，坚持统筹高质量发展和高水平安全，在国土空间规划"一张图"上做好县域统筹，分类推进村庄规划编制工作。

第二节　乡村规划的编制内容

乡村规划编制是实施乡村振兴战略的前提要求。做好乡村规划，要了解乡村规划的政策要求，厘清村庄需求和发展思路，化繁为简，多规合一。编制实用性的、村民看得懂的、能真正指导落地实施的规划。乡村规划编制的内容主要包括以下几个方面。

一、村庄发展定位目标

要按照乡村振兴总体规划中确定的村庄类型和相关上位规划如乡镇国土空间规划、村庄群规划的要求，结合村庄自身的发展现状、资源禀赋和未来发展预期，明确村庄的发展定位，进而研究制定村庄发展目标、国土空间开发保护目标和人居环境整治目标，同时根据发展目标制定可度量、可细化、可考核的规划指标体系。具体地，规划指标体系包括总量指标和人均指标。其中，总量指标有永久基本农田面积、生态保护红线面积、建设用地面积、耕地保有量、林地保有量等，人均指标有人均建设用地面积、户均宅基地面积、人均公共服务设施面积、人均绿地面积等。各个村庄在具体规划时，可以根据自身特点、村民自治管理权限、规划诉求以及相关政策要求，灵活选择并构建规划指标体系。

二、村庄国土空间布局

要从开发和保护两大方面出发，对村域范围内的国土空间进行规划布局，确定各类用地的规划用途，明确各类用地的国土空间用途管制规则，形成村庄国土空间规划布局的最终成果。

（一）村庄开发空间

要从村庄国土空间开发的角度出发，合理安排农村住房、产业发展、各级各类公共设施等开发类的建设空间，划定各类建设用地的范围。具体来说，村庄建设用地主要包括农村居民点用地、农村产业用地、农业设施建设用地、其他建设用地4类。其中，农村居民点用地包括农村宅基地、农村社区服务设施用地、农村公共管理与公共服务用地、农村绿地和开敞空间用地等类型。农村产业用地主要指农村集体经营性建设用地，用以保障农产品生产、加工、营销、乡村旅游配套等产业发展的建设用地，具体包括农村商业服务业用地和农村生产仓储用地两种类型。农业设施建设用地是满足农业生产需求的建设用地，包括种植设施建设用地、畜禽养殖设施建设用地和水产养殖设施建设用地。其他建设用地主要有农村工矿用地、交通设施用地、农村公用设施用地、特殊用地以及村庄留白用地（空间位置确定但尚未确定用途的建设用地）。

（二）村庄保护空间

要从村庄国土空间保护的角度出发，根据上位国土空间规划要求，统筹落实永久基本农田、生态保护红线两大刚性控制线，将其中的用地作为禁止或限制开发的保护空间。在此基础上，再将永久基本农田储备区、粮食生产功能区、重要农产品生产保护区、历史文化保护区等需要保护的空间进行明确和划定，由此形成系统的村庄保护空间。在用地类型上，保护空间主要有生态用地和农用地，前者主要包括林地、湿地、陆地水域，后者主要包括耕地和园地。

上述村庄国土空间布局的成果可以归纳为"一图一表"。"一图"即村庄国土空间规划布局图，给出了各类规划用地的空间位置和范围；"一表"即村庄国土空间结构调整表，给出了各类规划用地的面积规模和占比。"一图一表"相互结合，共同给出了村庄国土空间规划布局的成果。

三、村庄国土空间综合整治与生态修复

要落实上位国土空间规划提出的综合整治与生态修复的任务要求和项目安排，明确村域范围内需要进行国土综合整治和生态修复的空间范围，将综合整治和生态修复的任务、指标和布局落实到具体地块，明确相应的整治修复工程及其布局。

（一）综合整治

国土空间综合整治主要包括农用地整治和建设用地整治。农用地整治要明确各类农用地整治的类型、范围、新增耕地面积和新增高标准农田面积，具体包括耕地"非粮化"整治、耕地质量提升、整治补充耕地、建设用地复垦等内容。建设用地整治重点要整理清退违法违章建筑、低效闲置的农村建设用地和零散工业用地，提出规划期内保留、扩建、改建、新建或拆除等整治方式。

（二）生态修复

在国土空间的生态修复上，要按照"慎砍树、禁挖山、不填塘"的生态理念要求，厘清存在的生态问题并需要生态修复的空间如矿山、森林、河湖湿地等的范围界线，提出生态修复的目标、方式、标准和具体任务。要尽可能保护和修复村庄原有的生态要素和实体，梳理优化好村庄基于山水林田湖草的生态格局，并通过生态修复来系统保护好村庄的自然风光和乡土田园景观。

四、村庄公共设施布局

村庄公共设施包括村庄的基础设施和公共服务设施两大类。其中，基础设施主要包括道路交通、农田水利、供水、排水、电

力、电信、环境卫生、能源、安全防灾等各类设施；公共服务设施主要包括管理、教育、文化、体育、卫生、养老、商业、物流配送、集贸市场等各类设施，两者共同构成村庄的设施支撑体系。

（一）基础设施

在道路交通基础设施上，要做好村庄的对外交通和内部交通的规划布局。对外交通要落实上位规划中确定的各级各类交通规划，要与过境公路做好充分衔接，同时预留好高速公路、铁路的占地和防护隔离带用地。在村庄内部交通上，要按照相关农村道路规划设计标准要求，优化内部道路网络，合理确定村庄内部道路的等级、位置、宽度和配套设施，同时要合理规划布局公共停车场、公交场站等交通设施。

农田水利设施规划布局要确定农田区域的水源、输配水、排水、沟渠体系建设以及配套的建（构）筑物的布局、规模和标准。在供水、排水、电力、电信、环境卫生、能源等基础设施规划布局上，要根据村庄人口规模合理确定布局、标准和规模，做好用地预留和衔接，确保各类基础设施能够落地建设。

在村庄安全防灾设施规划布局上，要综合考虑地质灾害、洪涝等隐患，划定灾害影响范围和安全防护范围。要根据相关标准要求，合理确定防洪排涝、地质灾害防治、抗震、防火、卫生防疫等防灾减灾工程、设施和应急避难场所的布局、规模和标准，为村庄安全奠定坚实基础。

（二）公共服务设施

公共服务设施布局要根据村庄的人口规模、服务半径和村庄类型进行综合确定，重点配置村委会、文化室、健身广场、卫生室、快递点、农贸市场、养老院、中小学、幼儿园等基本的公共服务设施。首先，要优先布局村庄现状缺少或配置不达标的公共服务设施。其次，要确定公共服务设施配置内容和建设要求，明确各类设施的规模、布局和标准等。最后，对于暂时无法确定空间位置，同时又没有独立占地需求的公共服务设施，可以优先利用闲置的既有建筑进行改造利用。

对于集聚提升类的村庄，可以在公共服务设施分布现状的基础上，根据相关布局标准和要求，采用新建、改扩建等方式。对于城郊融合类村庄，要优先考虑与城镇公共服务设施共享配置，从而避免重复建设导致浪费。对于特色保护类村庄，要在满足村民基本公共服务需求的基础上，适当考虑文化旅游产业的发展需求，配置一些与文化旅游相关的公共服务设施，如游客接待站、休闲餐饮服务中心等。撤并搬迁类的村庄要避免再新建各级各类公共服务设施，同时根据撤并搬迁的情况调整已有设施的配置标准。

五、村庄住房建设

村庄住房建设是村庄规划的一个重要内容，主要是宅基地的规划布局问题。要按照上位规划确定的农村居民点布局、建设用地指标管控要求，合理确定村庄宅基地的规模和范围，满足村民的住房需求。

（一）宅基地布局

要严格落实农村"一户一宅"的基本要求，确保一户只能拥有一处宅基地。同时，要明确户均宅基地面积标准，在规划布局时不得突破户均宅基地面积标准。以浙江省为例，宅基地面积标准（包括附属用房、庭院用地），使用耕地最高不得超过 125 米^2，使用其他土地最高不得超过 140 米^2，山区有条件利用荒地、荒坡的最高不得超过 160 米^2。又如安徽省规定，城郊、农村集镇和圩区每户宅基地不得超过 160 米^2，淮北平原地区每户不得超过 220 米^2，山区和丘陵地区每户不得超过 160 米^2，利用荒山、荒地建房的则每户不得超过 300 米^2。

对于集聚提升类和城郊融合类的村庄，在不破坏原有村庄空间格局的前提下，宅基地布局可适当提高密度，以便集聚更多的人口。对于特色保护类的村庄，宅基地布局要特别注意不能破坏历史文化空间、要素和实体，确保历史文化风貌体系保持完整和原貌。对于搬迁撤并类村庄，原则上不再新增加宅基地，不再新建农村住房。

（二）住房设计

要充分考虑村庄的生活习惯和建筑特色，在充分尊重民意的情况下，提出新建住房的设计要求，包括平面布局、层数、色彩、材料等管控要求。对传统的住房进行改造的，要提出功能改造、立面改造、安全改造的标准和措施，并征求村民的意见和建议。需指出的是，农村住房设计要特别注意不能千篇一律而造成"千村一面"，规划要提出总体的建筑风貌指引，不宜强推某种设计形式，要灵活应用各种建筑设计方法，打造具有村庄地域特色的住房风貌体系。

六、村庄规划实施

村庄规划实施可以包括两大部分：一是近期实施的项目，即规划近期拟实施的各级各类项目，主要包括村庄国土空间综合整治和生态修复、农村产业发展、交通设施建设、基础设施建设、公共服务设施建设、人居环境整治、农村居民点建设、历史文化保护等项目，要合理安排实施时序，明确资金规模及筹措方式、建设主体和方式、建设规模和用地面积等，确保项目能落地建设，为实现规划目标奠定基础；二是规划实施的保障措施，包括组织保障、资金保障、监督考核、加强宣传等，由此为村庄规划实施构建完善的保障体系。

七、乡村规划的其他内容

村庄发展定位目标、村庄国土空间布局、村庄国土空间综合整治与生态修复、村庄公共设施布局、村庄住房建设、村庄规划实施6个方面构成了乡村规划编制的基本框架和内容，但这并不代表乡村规划编制的全部内容。除了这6个方面以外，村庄历史文化保护、村庄产业发展、村庄人居环境整治和风貌指引等也可成为乡村规划编制中的重要内容。

（一）村庄历史文化保护

村庄历史文化是村庄的文脉所在，是"乡愁"的主要承载空间。对于具有历史文化资源和要素的村庄，特别是特色保护类的村庄，要把历史文化保护纳入村庄规划编制。要深入挖掘村庄的历史文化资源、要素和实体，包括传统街巷、文物古迹、历史建筑、各种自然和人文遗迹、古树名木、非物质文化遗产等。要提出村庄历史文化保护的原则、目标、名录、修复修缮方案和活化利用策略。进一步，在必要时可以划定村庄历史文化保护控制线，将其和村庄永久基本农田、村庄生态保护红线、村庄建设用地边界一起构成村庄的国土空间控制线体系。

（二）村庄产业发展

对于集聚提升、城郊融合类的村庄，当其具有一定基础和规模的特色产业时，就有必要把村庄产业发展纳入村庄规划编制。要提出规划期内村庄产业发展的目标、空间布局和主导方向，重点安排好产业用地的空间范围和规模，明确产业用地的用途、强度等要求，确保村庄产业发展获得充足空间，为乡村产业振兴提供空间支撑。

（三）村庄人居环境整治和风貌指引

要根据村庄人居环境特点和村容村貌风格的现状，按照经济适用、维护方便的基本原则，提出村庄人居环境整治和风貌指引的内容、要求、措施和具体建设项目。具体地，可以重点从村庄公共空间布局、村庄绿化、村庄建筑风格、景观小品等方面展开，提出村庄人居环境整治和风貌指引的规划设计方案与具体要求。

第三节 乡村规划的影响要素及方法

一、乡村规划的影响要素

(一) 政策法规的制定

政策法规的制定对乡村规划起着至关重要的指导和规范作用。国家及地方政府出台的相关政策不仅为乡村规划提供了法律支持和方向指引，而且还是确保规划合理性与可持续性的关键因素。政策法规可以规范土地资源的利用，保护生态环境，促进经济发展与社会和谐。例如，《中华人民共和国土地管理法》《中华人民共和国城乡规划法》等相关法律条款，明确了土地使用权限、建设标准以及环境保护要求，从而确保乡村规划在合法、合规的框架内进行。此外，政府的扶持政策还能吸引外部投资，推动乡村基础设施建设和产业发展，进而提升乡村的整体竞争力。

(二) 自然环境的因素

自然环境是乡村规划不可忽视的重要因素。乡村地区的地理位置、气候条件、地形地貌以及自然资源等都会对规划产生直接影响。例如，在山区和平原地区，乡村规划的思路和方法就会有所不同。山区可能需要更多地考虑防洪排涝、水土保持等问题，而平原地区则可能在土地利用和农田水利方面有更多的考量。此外，气候条件也决定了建筑物的朝向、材料和保温隔热等设计要求。因此，在制定乡村规划时，必须充分考虑自然环境的特点，确保规划方案与自然环境相协调，实现可持续发展。

（三）人文环境的因素

人文环境是乡村规划中不可或缺的一部分。每个乡村都有其独特的历史、文化和传统，这些都会对规划产生影响。在规划过程中，应尊重当地的风俗习惯，保护历史文化遗产，同时也要考虑居民的生活方式和需求。例如，在设计公共设施和居民住宅时，需要考虑到当地人的生活习惯和审美偏好。通过融入人文因素，乡村规划不仅能够满足居民的实际需求，还能增强乡村的凝聚力和归属感，促进社区的和谐发展。

（四）投资的支持

投资的支持对于乡村规划的落实至关重要。无论是基础设施建设、公共服务提升，还是产业发展和环境保护，都需要大量的资金投入。政府投资、社会资本以及国际合作等多渠道的资金来源，可以为乡村规划提供坚实的物质基础。同时，合理的投资策略和资金管理机制也是确保规划顺利实施的关键。通过优化投资环境、吸引外部资金、提高资金使用效率等措施，可以有效地推动乡村规划的落地生根，促进乡村的全面发展。

（五）技术的发展

随着科技的进步，新技术在乡村规划中的应用越来越广泛。例如，遥感技术、地理信息系统（GIS）以及大数据分析等工具，可以帮助规划者更精确地了解乡村的实际情况，提高规划的针对性和实效性。同时，绿色建筑技术、可再生能源技术等也为乡村规划提供了新的可能性和方向。通过运用这些先进技术，乡村规划可以更加科学、高效和可持续，从而推动乡村社会的全面进步。

二、乡村规划的原则

在进行乡村规划时，必须遵循一系列原则，以确保规划的科学性、合理性和可行性。

（一）整体性原则

乡村是一个复杂的系统，包括自然、经济、社会等多个方面。因此，乡村规划必须从整体出发，综合考虑各个方面的因素，确保各个方面的协调发展。整体性原则要求规划者具有全局观念，不仅要考虑当前的发展需要，还要考虑未来的发展趋势，以及乡村与周边环境的关系。

（二）可持续性原则

可持续性原则是乡村规划的核心原则之一。它要求在规划过程中，必须注重生态环境的保护，合理利用资源，确保乡村的可持续发展。具体来说，规划者需要充分考虑乡村的自然环境和生态承载能力，避免过度开发和资源浪费。同时，要积极推广生态农业和绿色生产方式，促进乡村经济的良性循环。

（三）以人为本原则

乡村规划的最终目的是提高农民的生活质量和幸福感。因此，规划过程中必须始终坚持以人为本的原则，充分考虑农民的需求和利益。规划者需要深入了解农民的生活习惯、生产方式和需求特点，以此为基础进行规划设计和决策。同时，要积极引导农民参与规划过程，听取他们的意见和建议，确保规划符合农民的意愿和利益。

（四）因地制宜原则

每个乡村都有其独特的历史、文化和自然环境特点。因此，在进行乡村规划时，必须遵循因地制宜的原则，根据乡村的实际情况进行规划设计。规划者需要深入了解乡村的自然环境、社会经济状况和历史文化背景等因素，以此为基础制定切实可行的规划方案。同时，要注重保护和传承乡村的历史文化和传统风貌，避免"千村一面"的现象出现。

（五）科学性原则

科学性原则是乡村规划的基本要求之一。它要求规划者必须具备科学的态度和方法，进行深入的调查研究和分析论证，确保规划的科学性和合理性。具体来说，规划者需要运用现代科技手段和方法进行数据采集和分析处理工作，提高规划的精度和可靠性。同时，要注重创新和实践相结合的方法论原则，在实践中不断总结经验教训并加以改进、完善乡村规划方案。

（六）公开透明与公众参与原则

在乡村规划的制定和实施过程中必须坚持公开透明和公众参与的原则。这意味着规划的过程和结果应该向公众公开，并接受公众的监督和建议。公众参与不仅可以增加规划的透明度，还可以提高规划的科学性和可行性。通过广泛征求公众的意见和建议，可以及时发现并纠正规划中存在的问题和不足之处。

（七）灵活性与可调整性原则

由于乡村发展是一个动态的过程，因此，乡村规划也需要具有一定的灵活性和可调整性。规划者需要考虑到未来可能出现的变化和挑战，制定灵活的规划策略以应对不同的情况。同时，在实施过程中要根据实际情况及时调整规划方案以确保其与实际需求相符合。

综上所述，乡村规划的原则是多方面综合考虑的结果，包括整体性、可持续性、以人为本、因地制宜、科学性以及公开透明与公众参与等。这些原则共同构成了乡村规划的基本框架和指导思想，为乡村的可持续发展提供了重要保障。在实际操作中，应根据具体情况灵活运用这些原则，制定出符合当地实际的乡村规划方案，推动乡村经济的持续健康发展和社会全面进步。

三、乡村规划的编制方法

乡村规划没有城市规划中复杂的交通组织和功能布局，但乡村规划中的基础设施完善、环境整治和公共空间重塑是非常重要的组成部分。与城市规划相比，乡村规划需要解决的应是老百姓直接关心的问题。乡村规划主要是"调查＋指引＋互动＋改进＋互动"的规划过程，其更加强调与村民的互动和听取他们的反馈，是以"自下而上"为主的发展指引的协商过程。

乡村规划的编制主要分为 3 个步骤：第一，资料收集；第二，乡村规划方案的编制；第三，乡村规划方案的审批与实施。

（一）资料收集

1. 相关法规、规划的梳理

进行乡村规划需要收集相关法律法规及基地相关规划作为参考。这些相关规划包括县域和镇域村镇体系规划、县域总体规划、镇（乡）总体规划、镇（乡）新村体系规划等。

2. 乡村的空间区位

乡村在区域的地理区位，乡村在区域的经济区位、交通区位、产业区位等。

3. 乡村自然地理条件

乡村的地形地貌、气候土壤、农作物种类、林木种类及面积等。

4. 乡村的人口构成

（1）规划乡村的人口总量，包括户籍人口数量、常住人口数量。

（2）规划乡村的人口流动情况，包括全年外出人口数量以及外来人口数量。

（3）规划乡村人口的年龄构成、性别比例、受教育情况、就业情况等。

5. 乡村经济产业发展

（1）乡村历年的生产总值及人均国民生产总值，乡村产业的产业结构——一、二、三产业的发展情况等。

（2）村域的主要种植作物、种植面积、耕作方式、机械化情况，各种农作物的一年产出值。

（3）村域是否有养殖户，养殖的面积，年收入状况等。

6. 乡村的土地使用

需尽可能收集上位规划中关于规划乡村的土地利用情况，如镇（乡）总体规划、镇（乡）土地利用总体规划，包括图纸及文字。需要明确村域基本农田、林地、宅基地、水域、果园的范围，明确各村的地域边界。

7. 乡村道路交通

乡村的对外交通情况，包括公路、水路及铁路；明确乡村各级道路的宽度、硬化情况、道路长度，是否达到村村通的目标；是否有航运、码头情况；明确乡村道路设施是否达到规划要求。

8. 乡村历史文化

乡村历史文化包括乡村的历史沿革、村庄并迁的历史、村庄的文化特色、民间工艺传承、建筑特色等。了解是否是历史文化名村、国家或省级的传统保护村落，以此来保护乡村历史文化。

9. 乡村的基础设施

（1）了解乡村是否通自来水、水质状况；污水的排放方式和处理状况；电力电信的覆盖状况及来源；是否通燃气及网络。

（2）村域卫生室、幼儿园、养老服务设施、活动广场的建设情况。

10. 乡村的建设风貌

乡村的建设格局和特点：乡村建筑的选材及有没有特殊的建

设工艺；本地是否有一些特殊的色彩倾向或禁忌。

基础资料的表现形式可以多种多样，图表与文字说明都是可以采用的形式。有些资料用表格的形式更清晰，但由于各种情况差异较大，很难用统一的表格反映出来。

（二）乡村规划方案的编制

乡村规划方案的编制是一个综合性强、涉及面广的复杂过程。在规划方案编制阶段，图纸的绘制和说明书的编写是两大核心任务。图纸通过直观、清晰的图形语言，展示了乡村未来发展的蓝图，包括土地利用布局、道路交通规划、公共设施分布等重要信息；而说明书则是对规划方案进行详尽的文字阐述，解释规划的背景、目标、策略以及实施步骤等内容。

在编制乡村规划方案时，必须严格遵守相关法律法规、技术规范与条例，确保规划的合法性和合规性。同时，上位规划的要求也是编制过程中不可忽视的重要参考，它确保了乡村规划与区域整体发展规划的协调一致。编制乡村规划要求规划者深入实地调研，因地制宜、实事求是地制定方案，确保规划符合当地实际情况和发展需求。此外，规划过程中还应充分调动群众参与的积极性，广泛听取村民的意见和建议，确保规划方案能够真正反映村民的意愿和利益。最终，乡村规划的编制应致力于满足当地经济社会发展、生态环境良好、人民群众安居乐业以及可持续发展的需要，为乡村的繁荣与发展提供科学指导和有力保障。

（三）乡村规划方案的审批与实施

根据《中华人民共和国城乡规划法》的相关规定，乡村规划方案的审批与实施环节至关重要。在规划方案编制完成后，乡、镇人民政府需要组织专家和相关部门对规划方案进行审查，确保其科学性和可行性。随后，规划方案应报上一级人民政府进行审批，这是规划实施前的必经程序。

　　值得注意的是，村庄规划在报送审批前，必须经过村民会议或者村民代表会议的讨论并获得同意。这一步骤充分体现了民主决策的原则，确保了规划方案能够真正反映村民的意愿和利益。在规划获得批准后，乡、镇人民政府须按照规划方案进行实施，确保各项规划措施得到有效落实。

　　在实施过程中，应建立有效的监督机制，确保规划实施的质量和效果。同时，还需要根据实际情况对规划进行适时的调整和优化，以适应乡村发展的变化需求。通过严格的审批和实施程序，可以保障乡村规划的科学性、合理性和可行性，从而推动乡村社会的全面进步和可持续发展。

第二章 村庄规划设计

第一节 乡村住宅规划

乡村住宅规划是乡村规划的重要内容，既能促进村庄用地规划和功能空间设计、集约合理用地、盘活集体建设用地，又能改善村民的人居环境，实现可持续发展。

一、村庄分类规划

目前，我国村庄的类型主要有如下 5 类。

（一）集聚提升类村庄

这类村庄人口基数大，经济发展态势好，地理位置好，产业优势突出。规划应统筹考虑与周边村庄一体化发展，促进居民点集中或连片建设。合理预测村庄人口和建设用地规模，结合宅基地整理、未利用地整治改造，留足发展空间。推进村庄一、二、三产业融合发展，补齐基础设施和公共服务设施短板，提升对周围村庄的带动和服务能力。

（二）城郊融合类村庄

这类村庄是指城市周边出现的城郊村。承接城镇外溢功能，居住建筑已经或即将呈现城市聚落形态，村庄能够共享使用城镇基础设施，具备向城镇地区转型的潜力条件。城郊融合类村庄应综合考虑工业化、城镇化和村庄自身发展需要，加快城乡产业融合发展、基础设施互联互通、公共服务共建共享，逐步强化服务城市发展、承接城市功能外溢的作用。

（三）特色保护类村庄

这类村庄以名胜古迹或者有特色文化的村落为主，这种类型的村庄最后都会发展成为旅游景点。此类村庄规划应统筹保护、利用与发展的关系，保持村庄传统格局的完整性、历史建筑的真实性和居民生活的延续性，提出特色保护和建设管控要求，对村庄未来发展提出具体措施。

（四）撤并搬迁类村庄

由于人口结构的变化，逐渐成为空心村，或者该地区的居住环境差，为了更好地改善他们的生活，国家对这些村庄实行了撤并搬迁政策，包括因重大项目需要搬迁的村庄，因生态环境恶劣、自然灾害频发需要搬迁的村庄等。搬迁撤并类村庄不单独编制村庄规划，纳入集聚提升类村庄规划或上位国土空间总体规划统筹编制。确实近期不能搬迁撤并的村庄可根据实际发展需要，应坚持建设用地减量原则，与"空心村"治理相结合，编制近期村庄建设整治方案作为建设和管控指引，突出村庄人居环境整治内容，严格限制新建、扩建永久性建筑。

（五）保留改善类村庄

保留改善类村庄是指除上述类别以外的其他村庄。人口规模相对较小、配套设施一般，需要依托附近集聚提升类村庄共同发展。此类村庄编制村庄规划，按照村庄实际需要，坚持节约集约用地原则，统筹安排村庄危房改造、人居环境整治、基础设施、公共服务设施、土地整治、生态保护与修复等各项建设。

根据以上村庄分类，再参照当地的国土空间规划，省、市村庄规划编制指导，当地农村住宅设计标准和村庄实际生产、生活现状，以及未来发展方向进行规划和设计。

二、乡村住宅布局

(一)住宅用地布局

住宅用地布局指宅基地的组织形式、密度、大小、分布和风貌特点等综合反映的形态表现，与社会生产力发展水平、生产形式有关。按照上位规划确定的农村居民点布局、建设用地管控要求，根据宅基地选址条件、户均宅基地面积标准等，合理确定宅基地规模，划定宅基地建设范围。

(二)住宅选址

住宅选址要求地基牢固，避开古河道、填埋坑塘、采矿区、地下空洞区，远离工业扬尘及对人体有害生物和化学物质等污染源，远离地质滑坡、泥石流、地质塌陷、不稳定边坡、尾矿库等地质灾害区，避开季节性洪水和大雨漫淹区。不宜选在风口、冬风直刮地带及养殖场下风区，要选在"藏风聚气"、干燥适宜、交通方便之地。宅基地选址还要充分利用水要素，为美丽乡村建设服务。此外，确定为集聚提升类的村庄要为居民点发展留有余地。

(三)住宅布局形式

住宅用地布局规划应先根据区域发展现状、区位条件、资源禀赋等，根据村庄不同类型（集聚提升类村庄、城郊融合类村庄、特色保护类村庄和撤并搬迁类村庄等），进行宅基地安排，形成宅基地用地布局规划。用地布局形式主要有以下几种：按规划发展的集团结构式、因工业发展形成的集中连片式、沿水或沿路条带式、跳跃串珠式、丘陵及山地等逐田而居的散列式。

三、乡村住宅设计

(一)尊重原有风貌，合理设计空间功能

在尊重村民意愿的前提下，充分考虑当地村民生活习惯和建

筑文化特色,对传统农村住房提出功能完善、风貌整治、再利用、安全改造等措施,并对新建住房提出层数、风貌等规划管控要求。村民住宅院落应布局合理、使用安全、交通顺畅,充分考虑停车空间、生产工具及粮食存放要求,形成绿化美化、整洁舒适的院落空间。

(二)体现区域特色,保留乡土气息

充分考虑户均人口规模、生产生活习俗、现代功能需要,设计3~5种有代表性的住宅户型,供村民选择。对于具有传统风貌、历史文化保护特色的住房,应按相关规定进行保护和修缮。各地也可根据当地历史文化和地域特色制定地方建房风貌指引。不符合当地风貌要求的住房,宜适当进行改造。住房建设的风貌与地域气候、资源条件、民族风尚、文化价值、审美理念有关。不同地区房屋的朝向、式样等与当地气候密切相关,如多雪地区以尖状屋顶式样为主,多雨地区以快速排水式样为主,多雷地区必有避雷设备,多台风房屋结构相对牢固,多地震区房屋设计有明确要求。林区选用木材建设房屋及附属设施,并形成地方特色;石材丰富地区采用石材构筑房屋及附属设施,形成独特景观;经济相对贫困地区采用泥土与纤维植物构筑房屋及附属设施,形成特色风貌等。

(三)绿色、节能建筑

绿色建筑是指在建筑的全生命周期内,最大限度地节约资源(节能、节地、节水、节材),保护环境和减少污染,为人们提供健康、适用、高效的使用空间和与自然和谐共生的建筑。加强住宅建筑的节能减排,尽量减少住宅建造与使用过程中二氧化碳的排放,是乡村地区住宅合理节能减排的关键。大力推行绿色建筑规划设计,研究选择不同地区气候条件的绿色建筑规划设计标准,以绿色建筑替代传统建筑,通过设计的合理性来延长使用寿命。注重节能材料的使用，实现生态节能设计。在建筑材料中大力推广节能环保建筑型材，如空心砖、纳米控透玻璃等；在一些条件合适的乡村地区使用乡土保温材料来达到保温隔热的效果，如农作物纤维块、草泥黏土等建筑材料，具有施工简单、价格低廉、坚实耐用等优点，通过节能建筑材料的使用来达到农村住宅的低碳化发展。

第二节　乡村道路规划

一、乡村道路系统规划

（一）乡村道路标准

进出村主道作为村中通往外界的主要通道，往返行人和车辆较多，要求路面有足够的宽度、较强的路面承载能力，路旁要设有排水沟。通常平曲线最小半径不宜小于 30 米，最小纵坡不宜小于 0.3%，应控制在 0.3%~3.5%。当道路宽度小于 4.5 米时，可结合地形分别在两侧间隔设置错车道，宽度 1.5~3 米，其间距宜为 150~300 米。

主要道路路面宽度不宜小于 4 米，次要道路路面宽度不宜小于 2.5 米，宅前路及游步道路面宽度宜为 1~2 米，不宜大于 2.5 米。平曲线最小半径不宜小于 6 米，最小纵坡不宜小于 0.3%，山区特殊路段纵坡度大于 3.5% 时，宜采取相应的防滑措施。若车道下需敷设管线，其最小覆土厚度要求为 0.7 米，如有景观等特殊要求，可适当提高标准。乡村道路布局中，应考虑桥梁两端与道路衔接线形顺畅，行人密集的桥梁宜设人行道，且宽度不宜小于 0.75 米。

乡村道路横坡宜采用双面坡形式，宽度小于 3 米的窄路面可以采用单面坡，坡度应控制在 1%~3%；纵坡度大时取低值，纵坡度小时取高值；干旱地区乡村取低值，多雨地区乡村取高值，严寒积雪地区乡村取低值。

乡村道路标高宜低于两侧建筑场地标高，路基路面排水应充分利用地形，乡村道路可利用道路纵坡自然排水。

（二）乡村道路走向及线形

乡村道路走向应当是有利于创造良好的通风条件，同时为道路两侧的建筑创造良好的日照条件。道路路网的布置要与交通需求、建筑、风景点等相结合。

道路布局应顺应自然环境（地形、风向等），尊重乡村传统道路格局，结合不同功能需求进行规划，提倡景观化、生态化的设计。设计中通过采用一些转弯道路、最小化直线道路的距离等措施降低车行速度，创造舒适的居住环境，如邻水的道路与水岸线结合，精心打造河岸景观，使其既是街道，又是游览休憩的地方。

地形起伏较大的乡村，道路走向应与等高线接近平行或斜交布置，避免道路垂直切割等高线。当地面自然坡度较高时，可采用"之"字形布置，为避免行人行走距离远，在道路上盘旋，可与等高线垂直修建梯道。道路规划布置时，就算增加道路的长度也要尽可能绕过地理条件不好、难以施工的地段，这样不仅仅可以缩短工期、节约资金，同时能够使道路平缓安全。地形较为平坦的乡村，更多的是要考虑避开不良地质与水文条件的地点。

（三）道路路网密度

一定程度上，道路网的密度越大，交通联系就越便利；但是密度过大会增加交叉口的数量，影响通行能力，可能会造成交通拥堵的状况，同时也会增加资金的投入，不利于乡村道路建设。道路路网布置需考虑交通便利，村民步行不会绕远路，交叉口间距不宜太短，避免交叉口过密的问题。按村庄的不同层次与规模分别采取不同等级的道路，如中心村应采用三级和四级道路，大型中心村可采用二级道路，大型基层村应设三级与四级道路。实际规划中，道路间距应结合现状、地形环境来布置，不应机械地按规定布置。特别是山区道路网密度更应该因地制宜，其间距可考虑在 150~500 米，为提升旅游特色和村镇交通便捷度以及可达性，要求特色乡村的主要车行道路网能够半小时内到达相邻村庄。

道路网密度一般从乡村中心向近郊地区，从建成区到新区逐渐降低，建成区密度较大，近郊区及新区较低，以适应村民出行流量及流向分布变化的规律。

（四）道路路网形式

在规划道路网时，道路网节点上相交的道路条数，不得超过5 条；道路垂直相交的最小夹角不应小于 45°。道路网形式一般为方格网式、环形放射式、自由式和混合式 4 类。

1. 方格网式

方格网式又称棋盘式，是道路网中最常见的一种结构形式，它是由两组互相垂直的平行道路组成方格网状的道路系统。优点：布局整齐，利于建筑物布置，易于识别方向，交通组织简单。缺点：对角线方向绕行距离长，增加了车辆行程。方格网式道路网适用于地形简单、较为平坦的乡村。

2. 环形放射式

环形放射式一般是由若干条放射线和若干条环行线组成的。优点：对内对外交通联系便捷。缺点：容易把车流导向中心区，造成中心区交通压力过大。环形放射式道路网适用于规模较大的乡村。

3. 自由式

自由式是以结合地形为主，路线弯曲，无一定的几何图形。

优点：能充分利用地形节省投资。缺点：不规则街坊多，影响建筑物的布置，不易识别方向。自由式道路网适用于山区、丘陵等地形复杂地区。

4.混合式

混合式是上述 3 种形式的道路混合构成的道路系统，是一种扬长避短、较为合理的形式。混合式道路网适用于各种地形的乡村。

（五）道路断面设计

道路断面设计主要对车行道宽度进行控制，根据道路功能、地形环境等灵活确定道路红线宽度。乡村道路提倡一块板混合断面形式，也可采用不等高、不对称的断面形式，市政管线宜设置在人行道或两侧绿带内。

（六）道路铺装

道路铺装对于乡村建设中更好地继承和发扬传统的乡土文化、改善乡村生态景观环境、提升乡村文化品位和促进农村生态经济协调发展起着不可忽视的作用。乡村道路可根据当地特点，因地制宜地选取材料进行硬化。主要道路路面宜采用沥青混凝土路面、水泥混凝土路面、块石路面等形式，平原区排水困难或多雨地区的村庄，宜采用水泥混凝土或块石路面。次要道路路面铺装宜采用沥青混凝土路面、水泥混凝土路面、块石路面及预制混凝土方砖路面等形式。游步道及宅间路路面铺装宜采用水泥混凝土路面、石材路面、预制混凝土方砖路面、无机结合料稳定路面及其他适合的地方材料。

二、乡村道路设施规划

（一）乡村道路景观

乡村道路不仅具有交通运输、连接内外道路的功能，而且对于乡村景观的形成有着不容忽视的作用。乡村道路两侧绿化应尽量选用本地树种，体现地方特色的同时注意植物的搭配，一般采用高大的植物与低矮的植物搭配的方法，这样能够呈现由低到高的多样的植物景观层次，同时也能够丰富道路景观，改善乡村道路品质。

乡村道路路堤边坡坡面应采取适当形式进行防护，宜采用浆砌片石护坡、干砌片石护坡及植草砖护坡等多种形式。

道路设计应充分考虑功能与景观的结合，过长的道路会使人感觉枯燥厌烦，在适当的地点布置广场、小花园、喷泉、休闲亭等，情况则会得到有效改善。道路线条的曲折起伏，两侧建筑的高低错落布置，层次丰富的道路绿化与自然景观、历史文化景观等相融合，能形成舒适、美观的乡村景观。

（二）停车场

乡村停车场应结合当地社会经济发展情况酌情布置，应考虑配置农用车辆停放场所。停车场的出入口应有良好的视野，机动车停车场车位指标大于 50 个时，出入口不得少于 2 个，出入口之间的净距不得小于 7 米。根据相关规定，设计停车位时应以占地面积小、疏散方便、保证安全为原则，合理、灵活地为将来可能的汽车数量的增长预留空间。乡村公共停车场场地铺装宜使用透水砖、嵌草砖等渗透性良好的材料，即布置生态停车场。

（三）公交车站点

乡村发展到一定程度，在考虑到经济等各方面的条件下，可纳入公交服务系统，设置公交车停靠站点。例如，在以旅游业为主体产业的乡村设置首末公交站点各一个，不过分追求设置多个站点，要既方便交通运输服务，有利于增加旅游人口，又不会造成资源浪费。

（四）交通信号、标志、标线

交通信号是指挥行人和车辆前进、停止、转弯的特定信号，各种信号都有各自的表示方式，其作用在于对道路各方的车辆科学地分配行驶权利，在时间上将相互冲突的交通流分离，使车辆安全、有序地通行，减少交通拥堵。交通信号灯主要布置在城市或者交通状况复杂的地点，乡村道路系统中，因乡村交通相对简单，交通信号布置极为少见。

道路交通标志是用图形、文字、符号、颜色向交通参与者传递的信息，是为道路使用者及时提供道路有关情况的无声语言，用于管理交通设施。标志的设置距离、版面大小、设置位置应根据当地习惯、行车速度来设计。乡村标志的设置应贯彻简洁、实用、美观、实事求是的原则，并适当进行简化。

道路交通标线是由道路路面上的线条、箭头、文字、路边线轮廓等构成的交通安全设施，其作用在于管制和引导交通，可与交通标志配合使用，也可单独使用。

乡村道路建设中，交通信号灯、标志与标线都较为缺失，在重新规划的过程中，需严格遵循国家标准，设置标志与标线合理引导乡村交通。乡村的道路在通过学校、集市、商店等行人较多的路段时，应设置限制速度、注意行人等标志及减速坎、减速丘等减速设施，并配合划定人行横道线，也可设置其他交通设施。

（五）护栏

公路穿越乡村时，村落入口应设置标志，道路两侧应设置宅路分离挡墙、护栏等防护设施。乡村道路有滨河路及路侧地形陡峭等危险路段时，应设置护栏标志路界，对行驶车辆起到警示和保护作用。护栏可采用垛式、墙式及栏式等多种形式。

第三节 乡村景观设计

一、景观要素的分类

（一）植物景观

观形植物：有圆柱形、圆锥形、球形、伞形、垂枝形、特殊形。例如，松柏能向上引导视觉，给人以高耸的感觉；垂丝海棠常种植于湖边随风而摆，宜动宜静。

观色植物：有常色植物、季色植物、干枝色植物。例如，香樟树的树叶不随季节改变；银杏春秋能呈现出不同色彩；梧桐的干枝色彩具有特殊性。

观花植物：有的花色艳丽，有的花朵硕大，有的花形奇异，并具香气。例如，牡丹在开花的时候能够以其艳丽的色彩吸引眼球。

观果植物：主要观赏植物的果实。其中，有的色彩鲜艳，有的形状奇特，有的香气浓郁，有的着果丰硕，有的则兼具多种观赏性能。例如，柚子在秋季成熟之时，果实呈黄色、球形，并且散发着特有的香气。

（二）山水景观

山得水而活，水得山而媚，因山而峻，因水而秀，打造山水景观可以运用保持景观连贯性、动静结合、多视角结合等方式。在我国有一种特有的山水文化，"知者乐水，仁者乐山"这种山水观反映了我国传统的道德感悟，实际上是引导人们通过对山水的真切体验，把山水比作一种精神，去反思仁、智这类社会品格的意蕴。

（三）其他景观

其他景观主要包括建筑景观、道路景观、人文景观、设施设备景观等。许多乡村内部建筑已经破损严重或消失，卫生条件不佳，基础设施落后，经济发展严重滞后，面临着亟待改造的问题。建筑、道路、人文等景观规划作为乡村规划设计的基本构成要素，对于传统风貌的延续、历史文化的继承、乡村特色的体现都具有重要的意义和价值。

二、乡村景观环境规划的原则

（1）与周围环境结合。乡村景观规划应结合当地的环境，尽可能减少对当地环境的破坏，使规划的景观与现状景观形成一个有机的整体。乡村景观规划不仅突出对自然环境的保护，而且突出对环境的创造性保护，还突出景观的视觉美化和环境体验的适宜性。

（2）与其他功能用地结合。规划的各个功能用地需统筹安排，不同功能用地服务于自身功能要求，同时不同功能用地之间也可相互协调、相互融合。

（3）与当地产业结合。景观规划不是以一个独立的个体存在，而是服务于整个乡村规划，服务于整个乡村发展战略的，所以说景观规划需要考虑到当地的产业布局、发展等因素。

三、乡村景观环境规划的布置形式

（一）景观的形态

（1）点状景观。指一些零星的、体量较小的景观。点景是相对于整个环境而言的，其特点是景观空间尺度较小，且主体元素突出，易被人感知与把握。一般包括住区的小花园、乡村入口标志、小品、雕塑、十字路口等。

（2）线状景观。呈线形排布的一些景观要素。主要包括村庄中的主要交通干道，特色景观街道及沿水岸的滨水休闲绿地等。

（3）面状景观。主要指尺度较大、空间形态较丰富，通常是由多种景观形态组成的景观类型。乡村生态园、铺砖广场、部分功能区，甚至整个村庄都可作为一个整体面状景观进行统筹综合设计。

（二）村庄景观规划的布局形式

（1）线形布局。以直线、曲线的线形进行景观布置，例如，行道树、灌木丛等。

（2）环形布局。在用地四周形成环状隔离带，保持内部与外部空间上的相互渗透、功能上的相互隔离。

（3）放射性布局。以放射状向外辐射，这样的布局方式可突出中心，并向外层扩散与渗透。

四、乡村景观环境规划的常见类型

（一）边坡景观规划

边坡绿化的类型有：模块式，即利用模块化构建种植植物以实现墙面绿化；铺贴式，即在墙面直接铺贴植物生长基质或模板，形成一个墙面种植平面系统；攀爬或垂吊式，即在墙面上种植攀爬或垂吊的藤本植物，如爬山虎、络石、常春藤等；摆花式，即在不锈钢、钢筋混凝土或其他材料做成的垂面中安装垂面绿化；板槽式，即在墙面上按一定距离安装"V"形板槽，在板槽内填装轻质的种植基质，再在基质上种植各种植物。

（二）滨水景观规划

受现代人文主义影响的现代滨水景观设计更多地考虑了"人与生俱来的亲水特性"。以前，人们害怕接近水，因而建造的堤岸总是又高、又厚，将人与水远远隔开；而科学技术发展到今天，人们已经能较好地控制水的四季涨、落特性，因而亲水性设计成为可能。滨水景观规划一般采用3种不同的处理手法：一是亲水木平台；二是挑入池塘中的木栈桥河廊道；三是种植亲水植物作为过渡区。这样达到了不管四季水面涨涨落落，人们总能触水、戏水、玩水的效果。

（三）住区景观规划

城市居住区规划与住区景观规划不同，首先，城市居住区的体量较小，多为多层建筑，常用砌体结构，而乡村住区景观在总体布局上依山而建、傍水而居，周围具有良好的自然环境，因此，与环境之间的相互融合是规划当中的重点。其次，在建筑风貌上，需要考虑当地的地域文化与人文环境，进行综合规划与设计。

（四）生态园景观规划

生态园景观规划主要考虑的是休闲与度假的功能，围绕此核心功能，打造观光、体验性质的农业生态园。一方面可作为当地村民生态农业研发创新的孵化基地；另一方面可吸引外来游客观赏农业风光，体验农业生产。

（五）街道景观规划

街道属于线形视觉空间，景观的连续性和延伸性、节奏性和律动性等等是街道景观规划应注意的主要问题。同时要善于运用街道的地理景观，如升坡、降坡、流曲、转折、陡崖、堤岸、岔路口、聚集点等处的地貌特征，增加街道的景观特色。乡村街道的景观规划需要考虑村民的生活习惯、乡风民俗，在保持乡村自然和人文环境的基础上，打造具有特色的乡村街道风貌。

第三章　乡村基础设施规划

第一节　乡村基础设施的概念和分类

一、乡村基础设施的概念

乡村基础设施是指为农村经济、社会和文化发展提供基础性支撑的物质工程设施，它们构成了乡村发展的基石，对于提高乡村居民的生活水平和质量，以及推动乡村的可持续发展具有至关重要的作用。

乡村基础设施涵盖了多个方面，其中交通设施是确保乡村与外界联系畅通的关键，包括道路、桥梁等，它们为乡村的物资运输、人员流动提供了必要的条件。水利设施则关系农业生产和村民生活用水的供应，包括灌溉系统、排水系统、水库等，这些设施对于保障农业的稳定产出和防洪抗旱具有重要意义。

此外，农田基本建设如土地平整、土壤改良等，是提高农业生产效率的基础。电力设施为乡村提供稳定的电力供应，支持农业生产和村民的日常生活。通信设施则包括电话、互联网等，它们为乡村居民提供与外界沟通交流的渠道，有助于缩小城乡信息差距。

二、乡村基础设施的分类

乡村基础设施可分为农业生产性基础设施、农村生活性基础设施和生态环境建设三大类。

（一）农业生产性基础设施

农业生产性基础设施主要指现代化农业基地及农田水利建设。其中现代农业基地是指拥有高标准的土地、规范化的种植、现代化的装备、完整的产业链的农业基地；而农村水利建设就是通过兴修为农田服务的水利设施，包括灌溉、排水、除涝和防治盐、渍灾害等，建设旱涝保收、高产稳定的基本农田。

（二）农村生活性基础设施

农村生活性基础设施主要指饮水安全、农村沼气、农村道路、农村电力等基础设施建设。例如，农村电网、垃圾处理厂、污水处理设施、人畜饮水设施、供热燃气设施等，是为广大农村居民生活提供服务的设施。

（三）生态环境建设

生态环境建设主要指通过各种措施来改善和保护自然环境，以保障生态系统的平衡和健康。这包括了对空气、水、土地、植被等多个方面的保护。常见的措施如可通过开展植树种草，治理水土流失，防治荒漠化，建设生态农业等。

第二节　乡村基础设施规划的原则

一、要充分评价基础设施发展潜力

基础设施是农民、农村经济发展的支撑点，是新农村建设的希望所在。要根据乡村资源与环境条件，结合市场需求，通过区域比较优势分析，充分评价基础设施发展潜力，展望发展前景，为制定发展目标提供科学依据。

二、要因地制宜选择重点建设项目

重点发展项目一定要符合当地客观实际，符合中央、省、市、县、乡的发展扶持方向与要求，充分尊重农民的意愿，发挥农民的主体作用。

三、要制定有力可行的实施措施

有力可行的政策措施，是规划实施的保障条件。要从明确责任，狠抓落实入手，制定组织、投资（引资、融资）、技术、市场、服务等政策措施，为规划有效实施提供条件保障。

第三节　乡村基础设施的分类规划

一、乡村给水工程规划

给水工程规划包括用水量预测、水质标准、供水水源、输配水管网布置等。供水水源应与区域供水、农村改水相衔接，有条件的乡村提倡建设集中供水设施。建立安全、卫生、方便的供水系统。乡村供水水质应符合《生活饮用水卫生标准》（GB 5749—2022）的规定，并做好水源地卫生防护、水质检验及供水设施的日常维护工作。选择地下水作为给水水源时，不得超量开采；选择地表水作为给水水源时，其枯水期的保证率不得低于90%。

应合理开采地下水，加强对分散式水源（水井、手压机井等）的卫生防护，水源周围30米范围内不得有污染源，对非新建型村庄应清除污染源（粪坑、渗水厕所、垃圾堆、牲畜圈等），并综合整治环境卫生。在水量保证的情况下可充分利用水塘等自然水体作为乡村的消防用水，或设置消防水池安排消防用水。

二、乡村排水工程规划

排水工程规划包括确定排水体制、排水量预测、排水系统布置、污水处理方式等。排水体制一般采用雨污分流制，条件有限的新村可采用合流制。污水量按生活用水量的80%计算。雨水量参考附近城镇的暴雨强度公式计算。

布置排水管渠时，雨水应充分利用地面径流和沟渠排放；污水应通过管沟或暗渠排放，雨水、污水管（渠）应按重力流设计。污水在排入自然水体之前应采用集中式（生物工程）设施或分散式（沼气池、三格化粪池）等污水净化设施进行处理。城镇周边和邻近城镇污水管网的村庄，距离污水处理厂干管2千米以内的，应优先选择接入城镇污水收集处理系统统一处置；居住相对集中的规划布点村庄，应选择建设小型污水处理设施相对集中处理；对于地形地貌复杂、居住分散、污水不易集中收集的村庄，可采用相对分散的处理方式处理生活污水。

三、乡村供电工程规划

（1）供电工程规划应包括预测村所辖地域范围内的供电负荷，确定电源和电压等级，布置供电线路和配置供电设施。

（2）乡镇供电规划是供电电源确定和变电站站址选择的依据，基本原则是线路进出方便和接近负荷中心。重要公用设施、医疗单位或用电大户应单独设置变压设备或供电电源。

（3）确定中低压主干电力线路的敷设方式、线路走向和位置。

（4）各种电线宜采用地下管道铺设方式，鼓励有条件的村庄地下铺设管线。

（5）配电设施应保障村庄道路照明、公共设施照明和夜间应急照明的需求。

四、乡村电信工程规划

（1）邮电工程规划应包括确定邮政、电信设施的位置、规模、设施水平和管线布置。

（2）电信设施的布点结合公共服务设施统一规划预留，相对集中建设。电信线路应避开易受洪水淹没、河岸塌陷、土坡塌方以及有严重污染等地区。

（3）确定镇-村主干通信线路敷设方式、具体走向和位置；确定村庄内通信管道的走向、管位、管孔数、管材等，电信线路铺设宜采用地下管道铺设方式，鼓励有条件的村庄在地下铺设管线。

五、乡村广电工程规划

有线电视、广播网络应尽量全面覆盖乡村，其管线应逐步采用地下管道敷设方式，有线广播电视管线原则上与乡村通信管道统一规划、联合建设。新村道路规划建设时应考虑广播电视通道位置。

加强基础设施共建共享，加快农村宽带通信网、移动互联网、数字电视网和下一代互联网发展。推进农村地区广播电视基础设施建设和升级改造。

六、乡村新能源的利用规划

保护农村的生态环境，大力推广节能新技术，实行多种能源

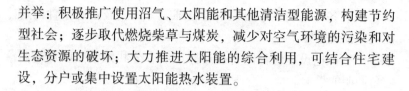

并举：积极推广使用沼气、太阳能和其他清洁型能源，构建节约型社会；逐步取代燃烧柴草与煤炭，减少对空气环境的污染和对生态资源的破坏；大力推进太阳能的综合利用，可结合住宅建设，分户或集中设置太阳能热水装置。

七、乡村环境卫生设施规划

村庄生活垃圾处理坚持资源化、减量化、无害化原则，合理配置垃圾收集点，垃圾收集点的服务半径不宜超过 70 米，确定生活垃圾处置方式。积极鼓励农户利用有机垃圾作为有机肥料，逐步实现有机垃圾资源化。城镇近郊的新村可设置垃圾池或垃圾中转设施，由城镇环卫部门统一收集处理。垃圾收集点、垃圾转运站的建设应做到防渗、防漏、防污，相对隐蔽，并与村容村貌相协调。

结合农村改水改厕，无害化卫生厕所覆盖率达到 100%；同时结合村庄公共服务设施布局，合理配建公共厕所。1 000 人以下规模的村庄，宜设置 1~2 座公厕，1 000 人以上规模的村庄，宜设置 2~3 座公厕。公厕建设标准应达到或超过三类水冲式标准。村庄公共厕所的服务半径一般为 200 米，村内和村民集中活动的地方要设置公共厕所，每座厕所建筑面积不应低于 30 米^2，有条件的乡村可规划建设水冲式卫生公厕。

八、乡村数字基础设施规划

数字基础设施是数字乡村发展的关键支撑和重要保障，主要包括 3 个部分。

一是乡村网络基础设施。4G/5G 移动网络、光纤网络、卫星等网络基础设施承载信息流、数据流在城乡间的高效流通，为"三农"转型发展提供数字底座。通信网络为农业生产过程的信息采集提供高速、精确、及时和广泛的传输通道，是农业物联网的基础承载平台。利用通信网络，农业物联网可实现传感数据的传输、存储、查询、分析、挖掘，为广域海量物联网节点感知数据提供存储和计算的云平台，可将人工智能等新一代信息技术融入农业生产过程，从而实现精准农业、智慧农业。

二是乡村信息服务基础设施。乡村信息服务基础设施是指位于农村地区，向农村居民提供政务、生产、生活等领域便捷化智慧化信息服务的各类村级服务站点和设施，如村级政务服务代办站（点）、益农信息社、农村电子商务服务站等。数字乡村不是只在网络虚拟空间中，要线上线下结合发展，这些站点和设施就是线上和线下的重要结合点，承载着业务代办、培训、咨询、揽收、发货等多种面对面的服务功能，发挥着信息服务"最后一公里"的重要作用。信息服务基础设施是否完善，关系农业新业态能否深入发展，关系各类公共服务能否顺畅提供，与农村居民的切身利益息息相关。

三是乡村公路、物流、水利、电网等传统基础设施数字化、智能化改造而形成的融合基础设施。融合基础设施是传统基础设施应用互联网、大数据、人工智能等技术转型升级而形成的新基础设施形态，包括了两大类：一类是智能化传统基础设施形态，仍以提供原来功能为主，围绕数据处理提供新的功能和服务，提高运行效率和服务质量；另一类是数字世界的传统基础设施新形态，如数字孪生体等。乡村智慧公路、智慧物流、智慧水利、智慧电网等融合基础设施，承载着绝大部分农业农村经济和社会活动，为智慧农业生产、农村电商、数字化生活等数字乡村关键应用场景提供基础，为推动农业农村现代化建设，实现乡村全面振兴提供有力支撑。

第四章　乡村公共服务设施规划

第一节　乡村公共服务设施均等化

一、公共服务设施的概念

公共服务是指建立在一定社会共识基础上，根据国家经济社会发展的总体水平，为维持国家社会经济的稳定、社会正义和凝聚力，保护个人最基本的生存权和发展权，为实现人的全面发展所需要的基本社会条件。

公共服务设施是满足人们生存所需的基本条件，政府和社会为人们提供就业保障、养老保障、生活保障等；满足尊严和能力的需要，政府和社会为人们提供教育条件和文化服务；满足人们对身心健康的需求，政府和社会为人们提供健康保证。

二、公共服务设施的基本类型

（一）行政管理类

包括村镇党政机关、社会团体、管理机构、法庭等。以前通常把官府放在正轴线的中心位置，显示其权威，然而现代的乡村规划中常常把它们放在相对安静、交通便利的场所。随着体制的不断完善，现在的行政中心多布置在乡村集中的公共服务中心处。

（二）商业服务类

包括商场、百货店、超市、集贸市场、宾馆、酒楼、饭店、茶馆、小吃店、理发店等。商业服务类设施是与居民生活密切相关的行业，是乡村公共服务设施的重要组成部分。通常在聚居点周围布置小型生活类服务设施，在公共服务中心集中布置规模较大的综合类服务设施。

（三）教育类

包括专科院校、职业中学与成人教育及培训机构、高级中学、初级中学、小学、幼儿园、托儿所等。教育类公共服务设施一直以来都具有重要意义，它的发展在一定程度上也影响着乡村的发展状况。

（四）金融保险类

包括银行、农村信用社、保险公司、投资公司等。随着我国经济的发展，金融保险行业将在公共服务中显得越来越重要。

（五）邮电信息类

包括邮政、电视、广播等。近年来网络在生活中的使用越来越广泛，信息技术的发展也促进着现代新农村经济的发展。

（六）文体科技类

包括文化站、影剧院、体育场、游乐健身场、活动中心、图书馆等。根据乡村的规模不同，设置的文化科技设施数量规模也有所不同。现今，乡村的文体科技类设施比较缺乏，这是由于文化、体育、娱乐、科技的功能地位没有受到重视所导致的。随着乡村的进一步发展，地方特色、地方民俗文化的发掘将会越来越重要。文体科技类设施的规划可结合乡村现状分散布置，也可形成文体中心，成组布置。

（七）医疗卫生福利类

包括医院、卫生院、防疫站、保健站、疗养院、敬老院、孤儿院等。随着村民对健康保健的需求不断增加，在乡村建立设备良好、科目齐全的医院是很有必要的。

（八）民族宗教类

包括寺庙、道观、教堂等，特别是少数民族地区，如回族、藏族、维吾尔族等地区，清真寺、喇嘛庙等在乡村规划中占有重要地位。随着旅游业不断升温，对古寺庙的保护与利用需要特别关注。

（九）交通物流类

包括乡村的内部交通与对外交通，主要有道路、车站、码头等。人流、物流有序地流动也是乡村经济快速发展的重要基础。我国乡村交通设施一直以来相对落后，造成该现状的原因有很多，国家也在加紧建设各类交通设施。

三、乡村公共服务设施的均等化

与城市公共服务设施相比，乡村地区的公共服务设施配置在规模、服务半径、种类量化上，反映出城乡的不均等化。为实现城乡统筹规划下乡村公共服务设施的均等化，要做好下列工作。

（一）服务半径均等化

乡村地区地广人稀，农民居住分散，这导致了公共服务设施的服务半径相对较大，给农民获取服务带来了不便。为了解决这一问题，需要对现有的公共服务设施进行重新规划和布局，以确保每个农民都能在合理的距离内享受到必要的公共服务。这可能涉及在关键节点增设新的服务点，或者通过提供穿梭巴士服务来连接偏远地区与现有的服务设施。此外，利用现代信息技术，如移动互联网，可以有效地缩小服务半径，通过线上服务减少农民对物理距离的依赖。

（二）服务种类均等化

与城市相比，乡村的公共服务种类往往较为有限，这限制了农民享受全面公共服务的机会。为了实现服务种类的均等化，需要根据乡村社区的实际需求，引入和扩展多样化的公共服务项目。这包括但不限于教育、医疗、文化、体育和娱乐设施。同时，应当鼓励和支持民间组织及私营部门参与到乡村公共服务的提供中来，通过公私合作模式（PPP）来增加服务的多样性和覆盖面。

(三) 服务规模均等化

乡村公共服务设施的规模通常较小，服务能力有限，这在一定程度上影响了服务的质量和效率。为了提升服务规模，需要加大对乡村公共服务设施的投资，扩大现有设施的规模或建设新的、更大规模的设施。这不仅可以提高服务的覆盖面，还可以通过规模经济降低单位服务成本。同时，应考虑建立区域性服务中心，通过集中资源和服务，提高服务效率，满足更广泛农民的需求。

第二节 乡村公共服务设施规划的原则

一、城乡统筹发展原则

乡村公共服务设施规划应顺应城乡统筹发展的大趋势，实现城乡资源的互补与共享。这意味着在规划时，要充分利用城市现有的设施资源，通过合理的规划和布局，使乡村居民能够享受到与城市相似的公共服务水平。例如，可以通过建立城乡对接的交通网络，让乡村居民方便地使用城市的教育、医疗等资源。同时，也要注重乡村自身特色的挖掘和利用，发展适合乡村特点的公共服务项目，形成城乡公共服务的互补和一体化发展。

二、以人为本原则

公共服务设施的规划和布局应以村民的需求为中心，充分考虑他们的生活习惯、文化特点和实际需求。在规划时，要深入调研，了解村民的真实想法和需求，以此为依据进行设施的选址和设计。同时，要注重设施的可达性和便利性，确保村民能够轻松、便捷地使用这些设施。此外，还要考虑乡村的特殊性，如老龄化问题、留守儿童问题等，有针对性地规划相应的公共服务设施，如养老设施、儿童活动中心等，以提高乡村居民的生活质量，营造和谐的乡村社会环境。

三、近期与远期兼顾原则

在规划乡村公共服务设施时，既要满足当前的需求，也要考虑长远的发展。当前，随着城镇化进程的加快，农村人口结构正在发生变化，老龄化趋势明显，年轻劳动力大量外流。因此，在规划时，要充分考虑这些因素，预留足够的发展空间，以适应未来可能出现的各种情况。同时，也要注重设施的灵活性和可扩展性，使其能够根据未来需求的变化进行相应的调整和改造。

四、因地制宜原则

乡村地区的情况千差万别，公共服务设施的规划不能搞"一刀切"，而应根据当地的实际情况，因地制宜，突出特色。在规划时，要充分考虑当地的自然条件、文化传统、经济发展水平等因素，设计出既符合村民需求，又具有地方特色的公共服务设施。同时，也要注重保护乡村的生态环境和历史文化，避免盲目追求现代化而破坏乡村的自然和文化风貌。

五、集中布置原则

为了提高公共服务设施的使用效率，方便村民使用，乡村公共服务设施应尽可能集中布置。在规划时，要充分考虑村民的生活习惯和活动范围，将各类设施布置在村民聚居点或其周边，形成功能齐全、服务便捷的公共服务中心。同时，也要注重各类设施之间的内在联系，通过合理的布局和设计，使它们相互支持、相互促进，形成有机的整体。例如，可以将文化体育设施与公共绿地、广场相结合，形成村民休闲娱乐的好去处；将行政管理设施与便民服务中心、医疗卫生设施集中布置，为村民提供一站式服务。

第三节 乡村公共服务设施规划的布局

乡村公共服务设施规划的布局不仅是物质空间的布置问题，还包括对国家对乡村公共服务体制的改革，以及财政管理、行政管理体制的改革。因此，在进行乡村公共服务设施规划时，需要结合国家现行的规范标准及规划编制方法等。

一、空间布局指引

（一）优化配置

选择相应级别的公共服务设施类型，按适宜的规模进行优化配置。政府管理机构、学校、医疗设施等公共服务设施是分级设置的，相应的分级配置标准应因地制宜，需要基于地方需求合理分配。福利院、老人活动中心、文化站、图书馆等公益性设施则有明确的分级标准。商业服务、休闲娱乐设施可参照标准进行配置，但也需要根据乡村具体性质与市场需求灵活调整。

（二）合理的服务半径

服务半径的确定需要与乡村的管理体制改革相结合。特别是管理型、公益型的公共服务设施，它的分级配置不同，其服务半径也不同。例如，中学和小学的服务半径，面向的区域范围不同，其标准也不同。

（三）配合交通组织

各类公共服务设施的位置选择、规模大小、服务对象与交通组织密切相关。例如，行政管理机构需位于交通便利的位置，以方便公务的执行；商业服务类由于经营的范围不同，对客货车流量应分别考虑；过境路宜迁移至乡村边缘，而商业服务设施宜布置在生活性道路两侧。

（四）突出地方特色

乡村的公共服务设施一般位于其最重要的位置，它的规模大小、集中程度，往往能够展现乡村的主要风貌特色，所以应结合乡村绿化、景观系统规划，在公共服务设施布局中重视景观节点的作用，并结合主要道路、街景设计、建筑风格设计，充分发掘当地特色，使乡村风貌规范化、特色化、整体化。

（五）开发强度控制

乡村公共设施的规划要从建设的可行性出发，因地制宜，控制开发强度。

二、商业服务类布局方法

（一）街道式布局

街道式布局可分为 3 种形式。

1. 沿主要道路两旁呈线形布置

乡村的主干道居民出行方便，中心地带商业集中，有利于街面风貌的形成，加之人流量大、购买力集中，容易取得较高的经济效益。沿街道两侧线形布置，需要考虑公共服务设施的使用功能相互联系，在街道的一侧成组布置，避免人流频繁穿越街道的情况。这种布局的缺点是存在交通混乱的隐患，可能会出现行人车辆混行、商家占道经营等问题，导致交通堵塞，引发交通事故。

2. 沿主干道单侧线形布置

将人流大的公共建筑布置在街道的单侧，另一侧建少量建筑或仅布置绿化带，即俗称的"半边街"，这样布置的景观效果更好，人车流分开，安全性、舒适性更高，对于交通的组织也方便有利。当街道过长时，可以采取分段布置，并根据不同的"休息区"设置街心花园、休憩场所，与"流动区"区分开来，闹静结合，使街道更有层次。这种布局的缺点是流线可能会过长，给行人带来不便。它适用于小规模、性质较单一的商业区。

3. 建立步行街

步行街宜布置在交通主干道一侧。在营业时间内禁止车辆通行，避免安全问题的发生。这种布局中街道的尺寸不宜过宽，旁边建筑的高宽必须适度。

(二) 组团式布局

这是乡村公共服务设施规划的传统布置手法之一，也就是在区域范围内形成一个公共服务功能的组团，即市场。其市场内的交通，常以网状式布置，沿街道两旁布置店面。因为相对集中，所以使用方便，并且安全，形成的街景也较为丰富，如综合市场、小型剧场、茶楼商店等。

(三) 广场式布局

在规模较大的乡村，可结合中心广场、道路性质、商业特点、当地的特色产业形成一个公共服务中心，同时也是景观节点。结合广场布置公共服务设施，大致可分为 3 类：一是三面开敞式，广场一侧有一个视觉景观很好的建筑，与周围环境的自然景观相互渗透、融合，形成有机的整体；二是四面围合式，适用于小型广场，以广场为中心，四面建筑围合，其封闭感较强，宜作集会场所；三是部分围合式，广场的临山水面作为开敞面，这样布置有良好的视线导向性，景观效果较好。

三、行政管理类布局方式

行政办公建筑一般位于乡村的中心交通便利处，有的也将办公建筑布置在新开发地区以带动新区经济、吸引投资。它们的功能类型、使用对象相对单一，布置形式大致有两种。

（一）围合式布局

以政府为主要中轴线，派出所、建设部门、土地管理部门、农林部门、水电管理部门、工商税务部门、粮食管理部门等单位围合布置。

（二）沿街式布局

沿街道两侧布置，办公区相对紧凑，但人车混行，容易造成交通拥堵；沿街道一侧布置，办公区线形容易过长，不利于办事人员使用，但是有利于交通的组织。另外，行政管理类设施周围不宜布置商业服务类设施，以避免人声嘈杂，影响办公环境。

四、教育类布局方式

（一）幼儿园、托儿所的布局方式

幼儿园、托儿所是人们活动密集的公共建筑，需要考虑家长接送幼儿的方便快捷，对周围环境的要求较高，需布置在远离商业、交通便利、环境安静的地方。同时，在考虑儿童游戏场地时，需注意相邻道路的安全性。一般采用的布局方式有：集中在乡村中心、分散在住宅组团内部、分散在住宅组团之间。

（二）中小学的布局方式

小学的服务半径不宜大于 500 米，中学的服务半径不宜大于 1 000 米。要邻近乡村的住宅区，又要与住宅有一定间隔，避免影响居民的生活环境，可布置在乡村街道的一侧、乡村街道转角处、乡村公共服务中心等。

五、文体科技类布局方式

文体科技类的公共服务设施一般人流较集中，在布局时需要有较大的停车场，建筑形式上应丰富而有层次，能够体现当地的文化、民俗特色，建筑的规模大小应根据乡村的规模相应设定。

六、医疗保健类布局方式

这类设施对环境要求较高，布置方式较为单一。卫生院包括门诊部和住院部，门诊部的设计需要考虑供人流疏散的前广场，住院部则要求环境良好、安静、舒适。敬老院的布置需要考虑室外的活动区、老人休息区，要求远离嘈杂地区、日照良好。

第五章 乡村产业发展规划

第一节 乡村产业的内涵

一、乡村产业的定义

在乡村振兴工作的推进中，产业兴旺始终是基础，乡村全面振兴大局与乡村产业的稳步发展密不可分。根据《国务院关于促进乡村产业振兴的指导意见》，乡村产业根植于县域，以农业农村资源为依托，以农民为主体，以农村一、二、三产业融合发展为路径，地域特色鲜明、创新创业活跃、业态类型丰富、利益联结紧密，是提升农业、繁荣农村、富裕农民的产业。

乡村产业源于传统种养业和手工业，主要包括现代种养业、乡土特色产业、农产品加工流通业、乡村休闲旅游业、乡村新型服务业、乡村信息产业等，具有产业链延长、价值链提升、供应链健全以及农业功能充分发掘、乡村价值深度开发、乡村就业结构优化、农民增收渠道拓宽等一系列特征，是提升农业、繁荣农村、富裕农民的产业。

二、乡村产业的特征

（一）生产方式的多样性

结合我国各地乡村资源禀赋差异性较大的特征，乡村产业的外延更广。以因地制宜为原则，发展规模化、标准化的现代种养业的同时，又鼓励小宗类、多样性特色农产品及各类乡土资源的多功能拓展和价值转化。

（二）城乡要素的流动性

针对我国城乡区域发展不平衡不充分的现状，乡村产业更强调城乡之间的要素流动。坚持以城带乡、以工促农，有序引导工商资本下乡，鼓励实用人才返乡入乡，用现代生产方式、信息技术改造提升农业，加快农业农村现代化步伐。

（三）产业载体的集聚性

我国乡村产业更强调以县域经济为融合载体的产业相对集聚。通过"示范园""先导区"等平台聚集主导产业以及资金、科技、人才等要素，形成示范效应，加强利益联接，带动多元主体共同发展。

（四）基础功能的保障性

应对国内外各种风险挑战，乡村产业注重提升粮食和重要农产品供给保障能力。坚持立足国内、办好自己的事，坚决稳住农业基本盘，以国内粮食稳产保供的稳定性来应对外部环境的不确定性。

（五）关键技术的创新性

我国农业发展处于由增产导向转向提质导向的关键时期，在技术驱动力不断增强和畅通国内大循环的背景下，乡村产业更强调关键技术领域的产学研用协同创新机制，推动农业发展质量、效益、整体素质全面提升。

三、乡村产业发展分类

（一）按照产业性质分类

按照产业性质，可分为物质生产部门及非物质生产部门。

1. 物质生产部门

物质生产部门是指从事物质资料生产并创造物质财富的国民经济部门的总称，包括农业、工业、建筑业以及直接为生产服务的交通运输业、邮电业、商业等。

2. 非物质生产部门

非物质生产部门是指不直接生产商品或剩余价值的部门，包括科学、文化、教育、卫生、金融、保险、咨询等部门。

（二）从要素角度分类

按劳动、技术及资金密集程度，可分为劳动密集型产业、技术密集型产业和资金密集型产业等。

1. 劳动密集型产业

劳动密集型产业主要依赖大量的劳动力投入来完成生产和服务过程。这类产业通常不需要高度机械化或自动化，因此，对劳动者的技能要求相对较低，适合于在劳动力成本较低的地区发展。由于劳动力是主要成本，劳动密集型产业在具有丰富且廉价劳动力资源的国家或地区具有竞争优势。典型行业包括纺织服装、玩具制造、农产品加工等。随着全球经济的发展和劳动力成本的变化，劳动密集型产业也面临着转型升级的压力。

2. 技术密集型产业

技术密集型产业以技术和创新为核心，这类产业在研发上的投入占比较高，对员工的技术水平和专业知识有较高要求。技术密集型产业的产品往往具有较高的附加值和市场竞争力，能够引领市场和技术的发展趋势。包括信息技术、生物医药、航空航天、新能源等在内的行业均属于技术密集型产业。政府和企业通常需要投入大量资金用于技术研发和人才培养。

3. 资金密集型产业

资金密集型产业在生产过程中需要大量的资金投入，这些资金用于购买昂贵的设备、技术、原材料或用于长期的基础设施建设。这类产业的投资回收周期较长，风险相对较高，而一旦建立起来，通常能够形成较大的规模和市场影响力。资金密集型产业的发展通常需要政府的大力支持，包括财政补贴、税收优惠和融资便利等政策。

第二节　乡村产业规划布局

一、乡村产业规划布局的原则

（一）产业结构合理，有明显特色的主导产业

根据乡村资源环境，因村制宜地编制产业发展规划，注重传统文化的保护和传承，维护乡村风貌，突出地域特色，打造别具一格的乡村主导产业。在编制产业发展规划时，规划部门应根据地域特色和乡村规模结构合理设置一、二、三产业，以主导产业为核心规划相关服务类产业，使当地形成完整的产业链结构，改善农村居民就业情况，提升农民生活质量。

（二）发展高效生态农业

在乡村产业规划中尽量淘汰资源型产业，保护当地的生态资源是当今社会发展的必然趋势。在政府提倡大众创业、万众创新的现代社会中，传统的农业模式也应该被改造，种养结合等新型农村制度应被积极推广。发展生态循环农业是乡村农业发展的方向，是农民优越生活的必然要求。推进农业规模化、标准化和产业经营化就是将乡村居民从以农业为主的劳动方式中解放出来，促使居民更好地从事主导产业以及相关产业的发展工作。

（三）提升发展乡村服务业

当今社会，现代化服务业的发展水平是一个区域综合实力的

重要体现，是一个乡村或地区繁荣程度的重要标志，加快发展现代乡村服务业对于转变经济增长方式、缓解乡村就业压力具有重要的现实意义。仅仅依靠第一产业发展已经不能满足乡村居民的生活要求，在制定乡村产业规划时，因村制宜，发展特色的休闲旅游服务业是带动乡村经济发展的一个重要出路，同时加强生产性服务业和生活性服务业的建设可以满足乡村主导产业的发展要求，以此来改善乡村居民的日常生活环境和生活质量。

（四）构建产村相融的产村单元体系

在乡村产业发展规划中，立足于土地资源利用现状，从土地资源分配的公平与效率兼顾出发，因村制宜，寻找适合村庄生产发展的新模式，将农业与第二、第三产业联系起来，实现第一、第三产业联动、"居产贸游"一体，在村庄范围内构建产村相融的产村单元体系，实现产业和乡村的相融互动，将农民新村建设与发展特色农业产业有机结合，力争提前完成全面建设小康社会，努力促进农业增效、农民增收、农村更美，促进生态文明、产业提升、社会和谐。

二、乡村产业规划布局的方法

（一）产业发展

1. 农业

农、林、牧、渔全面发展，避免农业类型单一。发展现代农业，积极推广新技术、机械化；发展种养大户、家庭农场、农民专业合作社等新型经营主体，科学、专业化养殖。发展现代林业，提倡种植高效生态的特色经济林果和花卉苗木；推广先进适用的林下经济模式，促进集约化、生态化生产。发展现代畜牧业，推广畜禽生态化、规模化养殖。沿海或水资源丰富的村庄，发展现代渔业，推广生态养殖、水产良种和渔业科技，落实休渔制度，促进捕捞业可持续发展。

2. 工业

结合产业发展规划，发展农副产品加工、林产品加工、手工制作等产业，提高农产品的附加值。引导工业企业进入工业园区，防止化工、印染、电镀等高污染、高能耗、高排放企业向农村转移。

3. 服务业

（1）休闲旅游服务业。依托乡村自然资源、人文禀赋及产业特色，发展多样化的休闲旅游服务业，配套适当的基础设施。

（2）生产生活性服务业。发展家政、商贸、美容美发、养老托幼等生活性服务业。鼓励发展农技推广、动植物疫病防控、农资供应、农业信息化、农业机械化、农产品流通、农业金融、保险服务等农业社会化服务业。

（二）产业规划布局

1. 产业分区

以村庄的各种自然、文化等资源为依托，结合地区及村庄产业发展定位及策略，划定不同的产业发展片区，适当发挥相同产业的集聚效应，促进村庄经济增长。

2. 合理布置

各类产业与其他基础设施、公共服务设施、居民点相结合布置。"产村一体""产村相融"，农业、工业、服务型旅游业互相结合发展。

第三节　培育高质量乡村产业体系

一、做强现代种养业

种养业既是乡村产业的基础，也是保障粮食等重要农产品供应的关键所在。做强现代种养业，应逐步形成以种养业为基础，以"种养结合、以养促种、创富共赢"的生态种养殖产业体系，推动乡村产业现代化融合发展。

（一）创新产业组织方式

创新产业组织方式，推动种养业向规模化、标准化、品牌化和绿色化方向发展，延伸拓展产业链，增加绿色优质产品供给，不断提高质量效益和竞争力。

（二）巩固提升粮食产能

持续提高农业综合生产能力，巩固提升粮食产能，全面落实永久基本农田特殊保护制度，加强高标准农田建设，强化粮食生产功能区和重要农产品生产保护区建设，确保国家粮食安全和重要农产品有效供给。

（三）有序推进养殖业生产

加强生猪等畜禽产能建设，提升动物疫病防控能力，推进奶业振兴和渔业转型升级。

（四）发展经济林和林下经济

经济林是森林资源的重要组成部分，是集生态、经济、社会效益于一身，融一、二、三产业为一体的生态富民支撑产业。林下经济是指以林地资源、林下空间和森林生态环境为基础，在林下空间进行林下种植业、养殖业、相关产品采集加工业和森林旅游业，包括林下产业、林中产业、林上产业，以提高林地生产率、劳动生产率、资金利用率。大力发展经济林和林下经济是把绿水青山变成金山银山最有效、最直接的途径之一。

二、做精乡土特色产业

乡土特色产业是从农民手工艺改造提升出来的乡村产业。各地要因地制宜发展多样化特色种养，加快发展特色食品、特色制造、特色建筑、特色手工业等乡土特色产业。

（一）发掘一批乡土特色产品

以资源禀赋和独特历史文化为基础，有序开发特色资源，做精乡土特色产业，因地制宜发展小宗类、多样性特色种养，加强地方小品种种质资源保护和开发，充分挖掘农村各类非物质文化遗产资源，保护传统工艺，开发一批乡土特色产业。

（二）建设一批特色产业基地

围绕特色农产品优势区，积极发展多样化特色粮、油、薯、果、菜、茶、菌、中药材、养殖、林特花卉苗木等特色种养，推进特色农产品基地建设，支持建设规范化乡村工厂、生产车间，全面提升特色农业的绿色化、标准化、品牌化发展水平。

（三）打造一批特色产业集群

开发人无我有、人有我优、人优我特的特色优势资源，创建"一村一品"示范村镇，打造乡土特色产业品牌化、集群化发展平台载体，推进整村开发、一村带多村、多村连成片，厚植区域经济发展新优势，不断将资源优势转化为产业优势、产业优势转化为经济优势。

（四）创响一批乡土特色品牌

按照"有标采标、无标创标、全程贯标"要求，制定不同区域不同产品的技术规程和产品标准，发掘一批乡村特色产品和能工巧匠，创响"独一份""特别特""好中优"的"土字号""乡字号"特色产品品牌。

三、提升农产品加工流通业

农产品加工业是指以农、林、牧、渔产品及其加工品为原料所进行的工业生产活动。农产品加工流通作为连接农业生产和消费的桥梁，具有衔接供需、连接城乡、引导生产、促进消费的功能。

（一）创新农产品流通模式

创新农产品流通模式，完善以农产品批发市场或龙头生产加工企业为核心的农产品流通模式，在实现"农超对接"的基础上，引导"农餐对接""农校对接"等多种方式良性发展，积极推动农产品电子商务等新型流通模式的发展和应用。

（二）创新流通业态

创新流通业态，鼓励大型电商企业和农产品流通企业积极对接、融合，促进农产品连锁超市等流通业态健康发展，打造扁平化的农产品流通模式。

（三）加快农产品流通体系建设

加大对农产品流通基础设施的投入，重视关键流通节点的建设。提高农产品流通技术，加大对农产品流通加工技术、保鲜技术、冷链物流等现代农产品流通作业技术的应用，有效降低农产品在流通作业环节的损耗。加快构建农产品综合信息服务平台，及时发布和共享农产品服务信息，逐步优化农业生产结构，不断提高农业综合生产能力。

四、优化乡村休闲旅游业

乡村休闲旅游业是农业功能拓展、乡村价值发掘、业态类型创新的新产业，横跨一二三产业、兼容生产生活生态、融通工农城乡，发展前景广阔。

（一）建设乡村休闲旅游重点区

依据自然风貌、人文环境、乡土文化等资源禀赋，建设特色鲜明、功能完备、内涵丰富的乡村休闲旅游重点区。包括建设城市周边乡村休闲旅游区、建设自然风景区周边乡村休闲旅游区、建设民俗民族风情乡村休闲旅游区和建设传统农区乡村休闲旅游景点。

（二）开发乡村休闲旅游业态和产品

乡村休闲旅游要坚持个性化、特色化发展方向，以农耕文化为魂、美丽田园为韵、生态农业为基、古朴村落为形、创新创意为径，开发形式多样、独具特色、个性突出的乡村休闲旅游业态和产品。

（三）建设休闲旅游精品景点

实施乡村休闲旅游精品工程，加强引导，加大投入，建设一批休闲旅游精品景点。

以县域为单元，依托独特自然资源、文化资源，建设一批设施完备、业态丰富、功能完善，在区域、全国乃至世界有知名度和影响力的休闲农业重点县。依托种养业、田园风光、绿水青山、村落建筑、乡土文化、民俗风情和人居环境等资源优势，建设一批天蓝、地绿、水净、安居、乐业的美丽休闲乡村，实现产村融合发展。鼓励有条件的地区依托美丽休闲乡村，建设健康养生养老基地。根据休闲旅游消费升级的需要，促进休闲农业提档升级，建设一批功能齐全、布局合理、机制完善、带动力强的休闲农业精品园区，推介一批视觉美丽、体验美妙、内涵美好的乡村休闲旅游精品景点线路。引导有条件的休闲农业园建设中小学生实践教育基地。

五、培育乡村新型服务业

乡村新型服务业是适应农村生产生活方式变化应运而生的产业，业态类型丰富、经营方式灵活、发展空间广阔。乡村新型服务业包括生产性服务业和生活性服务业。

（一）提升生产性服务业

扩大服务领域。适应农业生产规模化、标准化、机械化的趋势，支持供销、邮政、农民合作社及乡村企业等，开展农技推广、土地托管、代耕代种、烘干收储等农业生产性服务，以及市场信息、农资供应、农业废弃物资源化利用、农机作业及维修、农产品营销等服务。

提高服务水平。引导各类服务主体把服务网点延伸到乡村，鼓励新型农业经营主体在城镇设立鲜活农产品直销网点，推广农超、农社（区）、农企等产销对接模式。鼓励大型农产品加工流通企业开展托管服务、专项服务、连锁服务、个性化服务等综合配套服务。

(二) 拓展生活性服务业

丰富服务内容。改造提升餐饮住宿、商超零售、美容美发、电器维修、再生资源回收等乡村生活服务业，积极发展养老护幼、卫生保洁、文化演出、体育健身、法律咨询、信息中介、典礼司仪等乡村服务业。

创新服务方式。积极发展订制服务、体验服务、智慧服务、共享服务、绿色服务等新形态，探索"线上交易+线下服务"的新模式。鼓励各类服务主体建设运营覆盖娱乐、健康、教育、家政、体育等领域的在线服务平台，推动传统服务业升级改造，为乡村居民提供高效便捷服务。

六、发展乡村信息产业

(一) 发展农村电子商务

培育农村电子商务主体。引导电商、物流、商贸、金融、供销、邮政、快递等各类电子商务主体到乡村布局，构建农村购物网络平台。依托农家店、农村综合服务社、村邮站、快递网点、农产品购销代办站等发展农村电商末端网点。

扩大农村电子商务应用。在农业生产、加工、流通等环节，加快互联网技术应用与推广。在促进工业品、农业生产资料下乡的同时，拓展农产品、特色食品、民俗制品等产品的进城空间。

改善农村电子商务环境。实施"互联网+"农产品出村进城工程，完善乡村信息网络基础设施，加快发展农产品冷链物流设施。建设农村电子商务公共服务中心，加强农村电子商务人才培养，营造良好市场环境。

（二）全面推进信息进村入户

围绕信息进村入户工程进行系统部署，加快推进网络基础设施建设、打造 4G 精品网络，推动农村无线通信网络从 4G、4G+向 5G 演进，使信息技术与乡村振兴紧密结合，更好地解决农业生产中的产前、产中和产后问题，让农民能充分享受到便捷、经济、高效的生活信息服务。

（三）打造一体化现代互联网农业产业园

互联网农业产业园是以互联网技术为中心，对农业的信息技术进行综合，把感知、传输、控制、作业一体化，打造一个标准化、规范化的农业产业园，这样不仅节省了人力成本，还提高了品质控制能力，增强了产业园对自然风险的抵抗能力。

第六章 乡村治理概述

第一节 乡村治理的内涵与意义

一、乡村治理的内涵

乡村治理是指乡村治理多元主体之间通过一定的关系模式或行为模式，共同推动乡村政治、经济、文化、社会和生态建设的一个动态的过程。

乡村治理包含丰富的要素：主体、结构、方式等。从治理主体层面看，乡村治理实践中多元的主体主要包括基层党委、基层政府和基层社会组织以及村民等；从结构功能层面看，可以把乡村治理看作具备相应功能的一种治理结构，它主要是乡村治理过程中各行为主体和社会要素的关系和相互作用的总和，是一种规范各行为主体行为的模式或制度；从治理方式层面看，乡村治理是法治、德治、自治等多种方式的综合运用。从整体上讲，乡村的有效治理是治理主体、治理结构和治理方式的科学组合，即如果把乡村治理看作一个开放的系统，它则是一个由各主体、制度和机制组成的一个有机系统，与外部环境之间进行着各种物质交换、能量交换和信息交换。

我国是一个拥有悠久农业文明的国家，"乡村治理"作为国家治理现代化的重要组成部分，其含义随着时代的发展而被赋予了新的意义，但总体来看，乡村治理的实质都包含了以下几个相同点：①治理主体的多元化是保证乡村治理顺利进行的首要条件；②治理主体科学有效地选择和变换治理方式对于解决乡村社会的各种纠纷、逐步构建完善的基层社会服务体系以及解放和发展乡村生产力都具有深远的影响；③乡村治理的最终落脚点是"以人为本"，即维护农民的根本利益，提高其经济水平，增强其文化素养。从这个层面上看，乡村治理的实质就是治理主体在不同时期内对治理客体施行有效的治理方式，实现预期治理效果的行为。

乡村治理的内容主要包括乡村政治、乡村经济、乡村文化、乡村社会公正公平等互相联系的4个方面。其中，乡村政治的稳定是乡村治理的政治基础，是乡村治理的基本目标；乡村经济发展是乡村治理的经济基础，也是乡村治理的首要目标，国家的政策扶持和经济援助是乡村经济发展和乡村治理的重要前提；乡村文化的繁荣和乡村社会公正公平是乡村治理的重要目标和基本条件。

二、乡村治理的意义

(一) 乡村治理有利于和谐、美丽社会的建构

和谐、美丽社会一直是党和国家致力于建构的社会状态。随着经济和社会的发展，群众生活水平的不断提高，人们的幸福指数不断攀升。但同时，农村经济形式和意识形态也逐渐多样化，给乡村治理带来了很大的挑战，在一定程度上影响了社会理想状态的实现。中国要强，农业必须强；中国要美，农村必须美。在乡村振兴战略提出的背景下，积极开展法治化、民主化、制度化、现代化的乡村治理，在绿色发展理念的指导下，解决当前农村存在的社会治安差、干群关系紧张、环境污染等问题，为推进

美丽乡村、和谐社会的建构提供治理途径。

（二）乡村治理有利于加快城乡一体化的进程

城乡一体化是我国实现农村城镇化、缩小城乡差距的主要举措之一。长久以来，我国受城乡二元体制的影响，城乡在经济发展、资源配置、公共基础设施和服务等方面存在较大差距，有失公平和公正，在一定程度上影响了农民投身建设的积极性。因此，推进乡村治理有其现实基础。乡村治理是实施乡村振兴战略的基石，对于解决"三农"问题，建立健全城乡融合发展体制机制和政策体系，加快推进农业农村现代化具有重要意义。一方面，可以化解乡村治理矛盾，使村民获得与城市居民同等的权利和资源，体现社会公平公正；另一方面，通过优化乡村治理机制，推动城乡一体化的实现。

第二节　乡村治理的目标与原则

一、乡村治理的目标

当前和今后一段时期，乡村治理工作要按照中央确立的目标和要求，在乡村治理主体、治理过程、治理方式、治理方法、治理手段、治理机制方面深入转型，着力构建科学的乡村治理体系。

（一）治理主体多元化

治理是政治主体运用公共权力对国家和社会的有效治理及推进过程。治理意味着全社会所有成员，人人都是治理主体，人人都是治理对象，人人都是国家和社会的主人，人人有机会、有权利参与社会治理。社会治理要求治理主体的多元化，即要求政府、社会和市场等都能够成为治理的主体，这是国家治理现代化的必然要求。从治理发展的角度看，作为乡村振兴战略中总体要求之一的治理有效，源于管理民主。由社会管理到社会治理，预示着社会管理理念发生重大变化，其主体开始多元化、丰富化。乡村治理的领域广阔而复杂，需要多主体的密切配合方可实现。我国乡村社会发生的显著变化，对乡村社会治理提出了新要求，迫切需要树立新的乡村治理理念，推动政府、市场、民间组织等多元主体共同参与乡村治理。现实中，由于自然、历史、制度等多种因素的影响，农民群众参与社会治理、充当社会主人意识还不强。乡村社会仍存在基层组织薄弱、村民自治水平不高、"四风"问题时有发生等现象。在当前乡村治理结构下，乡村治理主体包括基层党政组织、社会组织、普通村民、乡贤等。乡村治理的主体多元化，意味着村级党政组织、集体经济组织、民间社会组织或者村民个人等，都可以作为乡村治理的主体并在各自领域发挥自己的功能。推动乡村治理主体多元化，要从政府包揽向政府指导、社会共治转变，鼓励和支持社会各行为主体积极参与乡村事务，实现政府治理与社会调节、居民自治的良性互动，构建多元主体共建、共治、共享的乡村治理新格局。

（二）治理过程民主化

随着马克思社会治理思想、多中心治理、新公共管理等相关理论不断运用到我国乡村治理实践中，治理取代管理成为乡村社会善治中的重要理念。但是，现行的乡村治理体制本身还存在党政不分、乡镇基层政权"悬浮化"和"谋利化"、村民自治组织过度行政化、"乡政"与"村治"之间的过度博弈和不协调、社会组织发育不健全等诸多问题，与治理理念和乡村治理现代化的应然要求之间还存在较大差距。原来的治理机构是计划经济统治的，是自上而下的统治。而现代治理机构，是自下而上的，包含着治理对象之间，也就是国家、政府与社会、民众之间的协商和

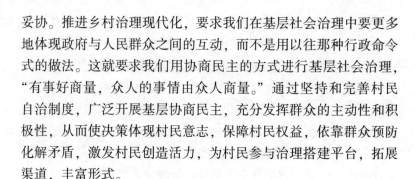

妥协。推进乡村治理现代化，要求我们在基层社会治理中要更多地体现政府与人民群众之间的互动，而不是用以往那种行政命令式的做法。这就要求我们用协商民主的方式进行基层社会治理，"有事好商量，众人的事情由众人商量。"通过坚持和完善村民自治制度，广泛开展基层协商民主，充分发挥群众的主动性和积极性，从而使决策体现村民意志，保障村民权益，依靠群众预防化解矛盾，激发村民创造活力，为村民参与治理搭建平台，拓展渠道，丰富形式。

（三）治理方式法治化

建立法治、摆脱人治，是现代民主政治的基本要求。法治的基本内涵是，法律应作为公共管理的最高准则，任何政府官员和公民都必须依法行事，在法律面前人人平等。在现代国家，法治是治国理政的基本方式。法治的目标是规范和约束公民的行为，维持正常的社会秩序，但其最终目的在于保护公民个人的自由、平等及其他的基本政治权利。治理取"水治"之意，有润物无声之内涵。从"管理民主"到"治理有效"，反映了我们党在乡村治理理念上的深刻变化。治理更多地强调"法治"，管理更多地强调"人治"；治理强调发挥政府、社会、个人的配合和协调作用，管理主要强调政府的作用。推进新时代乡村治理创新，在治理方式上要以管控规制向法治保障转变，运用法治思维和法治方式化解社会矛盾，加快社会领域立法，廉洁公正执法司法，加强法治宣传；要建立调处化解矛盾纠纷综合机制，依靠法治预防化解矛盾，把法治作为化解矛盾的首选方式和终极方式，在法治轨道上解决群众诉求。依法规范信访秩序，把涉法涉诉信访纳入法治轨道解决，建立涉法涉诉信访依法终结制度。

（四）治理方法精细化

精细化管理最早使用在企业管理上，它是一种以最大限度地减少管理所占用的资源和成本为主要目标的管理方式，通过对目标进行分解、细化，以明确责任、落实目标。社会治理的精细化是社会管理理念和方式的重要创新，也是未来社会治理的走向和趋势。精细化管理是注重细节、精益求精和追求卓越的治理模式，集中包含了细节、精简、准确、精致和卓越等基本元素。社会治理精细化注入了治理现代化的内容，并以此构建共建共治的社会治理格局，实现治理现代化的目标。精细化治理是相对于过去的粗放式管理而言的。粗放式管理以类或群为基本单位，主要是解决特定类群的人、事、物的问题，最后形成的是一种概括性、归纳性或笼统性的信息，并不去触及分散的和个别的社会事实。但同样一个群体，每个人的实际情况又是千差万别的。因而精细化治理是尽可能拆解社会事实，确立尽可能最小化的治理单元，实施多样化和差异性的治理，由此形成着眼于"个体化的治理"。

推进乡村治理精细化，一要改变粗放式乡村治理模式，培育精细化治理的社会文化，把精细化贯穿于乡村治理全过程，弘扬工匠精神，注重细节、精益求精，确保干一件、见效一件；二要构建标准化体系，加强社会治理成本效益分析，完善绩效考评机制，使社会治理过程可量化、可追溯、可考核；三要深入推进乡村治理体制机制的改革，推动乡村治理重心下移，实现权力和资源以及责任的下沉，提高基层党员干部的素质和能力，充分发挥其积极性和主动性，在处理日益复杂化社会事实的过程中微妙地落实精细化治理的要求。

（五）治理手段智能化

智能化是信息化社会演进的高级阶段。社会治理智能化是信息化时代的必然要求和有力抓手。随着互联网特别是移动互联网的发展，社会治理模式正在从单向管理转向双向互动，从线下转向线上线下融合，从单纯的政府监管向更加注重社会协同治理转变。目前以"互联网+"和人工智能为代表的新技术日新月异、层出不穷，日益颠覆着人们的传统认知和习惯。这既为社会治理提供了更高级的工具，也带来了此前未曾遇过的问题。现代社会已经进入了一个信息化和智能化的时代，新兴网络技术已经融入人们日常生活的方方面面，也给传统的社会管理模式带来了前所未有的压力。诸如网格化治理、目标责任制等传统手段，在一些地方和领域已经难以符合现实的需要，也难以实现有效治理的目标。

推进乡村治理现代化，要积极尝试运用智能化手段推动基层社会治理创新，不断提升人民群众的获得感、幸福感、安全感。推进乡村治理手段智能化，一方面，可以加快推进乡村"雪亮工程"建设，推动城乡视频监控连接贯通，整合各类资源，构建立体化、信息化社会治安防控体系，织密织牢农村公共安全网，健全网络、论坛、微博、微信等反映渠道，完善举报奖励等机制，把群众发动起来，开创群防群治新局面；另一方面，可以结合"互联网+电子政务"建设，构建全域统一、线上线下一体的智能化公共服务平台，把可拓展上线的窗口服务移到网上、连到掌上，让群众办事不跑腿、数据多跑路成为常态。值得关注的是，智能化手段应用于基层社会治理，更需强调顶层设计，不能每一个职能部门或每个地区都建立起自己的"一套模式"，互相之间不连通，这样不仅会提高整体社会治理成本，也会降低效率。要建立统一的网络系统，才能够更好地发挥智能化技术手段，作用于社会治理。

（六）治理机制协同化

"治理"与"统治"有着明显的不同。治理是运用权威维持秩序以满足公共利益的需要，治理的权威是自下而上公众的互动参与意识，而统治的权威是自上而下的行政命令，二者存在内在的本质区别。乡村治理过程的协同化，强调各治理主体间在公正、平等、法治的基础上相互协调和良性互动。乡村治理的效果公共化是指，在突破乡村固有利益格局的基础上，寻求村民公共利益的最大化。现实中，由于"压力型"体制的存在，改革发展稳定的大量任务压在基层，推动党和国家各项政策落地的责任主体也在基层。我们现在一些地区在基层治理中存在"碎片化"的现象，各职能部门各干各的，各层级也是各干各的，虽然目标一致，都在维护基层社会稳定、推进经济发展，但需要克服这种"碎片化"的现象。推进乡村治理体系和治理能力现代化，要树立大抓基层基础的鲜明导向，推动社会治理重心下移。党委政府在基层社会治理上要继续发挥主导性作用，要与社会、群众之间形成良性的互动，不能包办代替。通过乡镇党委、政府、村支"两委"、经济社会组织和村民等多层级、多主体的联动，构建协同治理的社会网络，从而有效整合资源、化解矛盾，打造共建共治共享社会治理格局。

二、乡村治理的原则

(一)　坚持党对基层治理的全面领导

党的领导是中国特色社会主义最本质的特征，也是乡村治理的最大优势。在乡村治理中，必须确保党的领导得到全面贯彻和执行，把党的领导贯穿于基层治理的全过程和各方面，包括制定乡村发展策略、决策重大事项、推进重要任务，以及在解决乡村治理中的矛盾和问题时发挥核心作用。

(二)　坚持全周期管理理念

全周期管理也称为"全生命周期管理"或"产品全生命周期管理"，原本是管理学上的术语。这一概念注重从系统要素、结构功能、运行机制、过程结果等层面进行全周期统筹和全过程整合，以确保整个管理体系从前期预警研判、中期应对执行到后期复盘总结的各个环节均能运转高效、系统有序、协同配合。全周期管理理念要求乡村治理不仅要关注问题的解决，还要注重预防和长远规划。强化系统治理，意味着要构建涵盖乡村各个方面的治理体系；依法治理，要求乡村治理活动必须依法进行，保障农民的合法权益；综合治理，强调要综合运用各种手段和资源，解决乡村治理中的复杂问题；源头治理，则是要求从根源上预防和解决问题，减少问题的发生。

（三）坚持因地制宜、分类指导、分层推进和分步实施

乡村治理需要考虑到不同地区的实际情况和特点，不能搞"一刀切"。因地制宜，意味着要根据各地的自然环境、经济社会发展水平、文化传统等因素，制定符合实际的治理策略和措施。分类指导，则是要求根据不同类型和不同发展阶段的乡村，采取差异化的指导和管理方法。分层推进和分步实施，则是要求在乡村治理中分清轻重缓急，逐步推进各项工作。

（四）向基层放权赋能，减轻基层负担

我国幅员辽阔，农村数量众多，农村类型多样，且区域发展存在不平衡等问题，不同农村的基层社区情况更是千差万别。为了提高乡村治理的效率和效果，需要向基层放权赋能，让基层政府和组织拥有更多的自主权和决策权。这有助于激发基层的创新活力，提高治理的针对性和有效性。同时，减轻基层负担，要求简化和优化基层的工作任务和流程，减少不必要的行政负担，让基层干部能够专注于治理和服务工作。

（五）坚持共建共治共享

共建共治共享是社会主义核心价值观在乡村治理中的体现。共建，是解决农村基层治理的依靠主体问题。共治，是解决农村

基层治理如何开展的问题。共享，是解决农村基层治理为了谁的问题。

共建意味着要鼓励和引导农民、企业、社会组织等各方面力量参与到乡村治理中来，形成合力；共治，要求在治理过程中实现多元主体的协商合作，共同参与决策和管理；共享，则是要求让乡村治理的成果惠及每一个人，实现社会的公平与正义。

第三节　我国乡村治理的困境及对策

一、我国乡村治理面临的困境

近年来，在各级政府的高度重视和大力推动下，我国乡村治理取得了较为明显的成效，人民群众生活的获得感、幸福感日益提升。然而，不可否认的是，受传统观念、历史传统以及新时期社会发展出现的挑战等因素影响，我国乡村治理也存在诸多问题。

（一）基层政权党组织弱化

乡村治理是一项复杂功能，从整体上看，我国乡村社会治理方式较传统基层治理方式有所创新，但是农村基层党组织社会治理方式上重管制轻协调、重堵轻疏的现象仍然普遍存在，极大制约着乡村治理进程的发展。当前我国基层党组织在乡村治理过程中主要有以下3个不足。第一，基层政府没有充分发挥主导性作用，具体到治理实践中，基层政府没有为乡村治理提供充足的财力、物力支持，在政策支持方面也存在一定欠缺。导致这一问题出现的因素有很多，包括基层政府的思想意识错误、职能配置不合理等。第二，在乡村治理方式创新上亟待优化，当前，农村基层党组织在进行乡村治理时，采用的方式比较单一，不够多元。

目前乡村治理逐渐呈现出动态化、利益化、多元化等多种特征，导致治理难度与日俱增，这对于基层党组织而言，需要不断进行自我提升才能适应这种变化。第三，在依法治理方面存在一定欠缺。部分农村基层党员干部的法治观念亟须加强，决策存在盲目性和随意性，村民的知情权、参与权保障不力；乡村法治环境还没有得到完善，没有形成遇事找法、依法办事的法治意识。面对这种情况，在新时代的背景要求下，必须提高农村基层党组织的治理能力，催生更多治理方式、方法的创新。

（二）乡村治理人才不足

在经济社会的影响下，人口城市化是不可避免的。由于城市发展水平高，机会、资源相对较多，因此在城镇引力驱动下，乡村青壮年劳动力大规模地进入城市，导致乡村人口逐渐减少，人口结构变化较大，一批有能力、懂技术、善于管理的人才逐渐流失，使多数乡村只剩下无法承担起农业生产的老人、妇女和儿童。而从乡村治理的角度来看，治理难度再次提升。首先，由于农村的优质劳动力逐渐减少，乡村建设缺少人才支撑，乡村发展寸步难行；其次，相对而言，农村弱势群体自主生活能力较差，不能投身于高强度的乡村建设工作中；最后，增加了农村公共服务的压力。在乡村治理过程中，需要大量的公共服务资源投入，才能使农村的弱势群体同样享受发展成果。乡村人才流失严重，乡村治理决策缺乏必需的智力支撑，导致乡村治理更加乏力，阻碍了村民自治的正常进行。同时，这也意味着，基层治理体系需要承载更多压力，面临更多挑战。

（三）乡村自治难度较大

在整个乡村治理体系中，村民自治不仅是最基础的部分，也是非常重要的部分。自治，强调发挥村民的自主性，通过自治，村民能够自行参与到乡村的事务管理工作中，包括村干部的选举、监督村干部的工作情况，等等，都由村民自行来完成。通过乡村自治，能够提升乡村治理的有效性。然而，由于各种原因，这种模式还没有在我国的乡村治理中得到全面落实。首先，由于乡村的优质人才普遍外流，因此，在进行村干部选举时，候选人普遍不具备促进乡村更好发展的能力，同时，由于出现金钱贿赂等问题，导致民主选举丧失了公平性。其次，部分村干部横行霸道、仗势欺人，使村民无法参与到自治过程中，无法发挥自己的主导作用。村民们既不能参与村务的表决过程，更不敢向村委会反映自己的诉求与态度。基于上述原因导致农村很难完全实现村民自治，成为了提升乡村治理有效性的阻碍。

（四）公共服务供给不足

长期以来，公共资源配置存在"重城轻乡"的问题，导致大部分公共资源集中在城镇，很多乡村地区普遍面临着教育条件落后、医疗卫生设施匮乏、养老机构不足、自然环境恶劣等问题，加强公共服务设施建设已刻不容缓。多数乡村在长期的历史发展过程中不具有统一规划建设思想，大多处于一种放任自建的状态，因此，乡村的住房建设一般有较大的随意性，并未考虑系统整体的基础设施安排，对地方政府来说，由于基础设施建设和运营的综合效益低，且乡村中实际常住人口流动性较大，数量不稳定，也没有对乡村基础设施和公共服务设施进行大规模投入，使村中相关的设施建设更加恶性循环，越来越成为乡村治理中的痛点。

二、我国乡村治理的有效对策

（一）加强农村基层党组织建设

基层是党的力量之源。因此，必须不断提升党建水平，确保每位党员都能够发挥自己的力量。对于农村基层党组织而言，必须树立正确的乡村治理观念，不断扩增治理范围、提升组织能力，确保每项工作都能够有效落实，才能不断提升乡村治理的有效性。第一，负责人应当更新治理理念，去糟求精，形成系统治理、综合治理的观念意识，以问题为治理导向，追根溯源，找到影响农村社会发展稳定的各种深层次问题，并以此为依据制定具有针对性的治理方案，不断为乡村治理注入新的活力。第二，进一步完善乡村治理体系。在构建这一体系时，应特别注重形成德治、法治和自治相结合的治理模式。第三，不断提升乡村党组织的治理能力、党员的工作能力。积极开展党员培训教育，一方面，将一些老干部作为培训对象，总结工作经验，创新工作方法；另一方面，进一步提升党员的待遇，吸纳优秀党员扎根农村，不断提升基层党组织人才队伍的素质水平。第四，创新乡村治理方式。第五，创设良好的乡村治理环境。基层党组织可以通过以下4个方面来突出领导作用，分别是：第一，政治引领，重视党建工作，充分发挥党的政治功能；第二，思想引领，就是积极开展宣传工作，将党的重要方针、决策、主张向农村基层进行传达与宣传；第三，组织引领，需要充分发挥党组织的优势，发挥党组织的力量；第四，服务引领。使党组织能够更好地服务群众。

（二）积极引流培训高素质乡村治理人才

为了能够有效解决当前村民自治难以落实的问题，基层党组织应当充分发挥引领作用，使村民自发加入乡村治理过程中，不断提升村民自治水平。同时注重吸引精英力量参与农村建设，建构多元治理主体新格局，要调整乡村人才引进政策，拓宽职业发展空间，完善乡村人才晋升考核制度，还应当给予回乡创业的政策扶持。乘着乡村振兴发展战略实施的东风，适当放宽人才引进政策，支持大学生村官留村、留镇发展，并积极引进、打造一批

"懂农业、爱农村、爱农民"的乡村振兴与乡村治理人才队伍。

(三) 多渠道加大乡村治理资金投入

引导乡村经济的多元化发展,为乡村发展提供物资保障。有效治理必须要有充足的资金、资源的支持,由于当前农村经济发展模式还不够多元,产业发展程度较低,为了能够进一步推动农村经济发展,基层党组织应当进一步优化农村的产业布局,而在这个过程之中,需要进行农业供给侧改革,才能使农村产业布局更加合理。应当不断提升农产品的质量,打造优质品牌,构建集农业生产、经营、销售于一体化的现代化农业体系,转变经济发展动力,从"以数取胜"转变为"以质取胜"。农村基层党组织需要充分考察本村的实际情况,选择相宜的农业生产模式,创新产业发展模式,致力于加速农村的产业转型,更好地推动农村经济的发展。除此之外,基层党组织应当立足于本村,引入现代企业经营模式,引领实现经济多向发展的目标。

(四) 建设和完善农村公共服务体系

加快建设和完善农村公共服务体系,确保农民的基本公共服务需求得到保障,是实现乡村振兴战略的重要任务,也是推动乡村善治的基础环节。首先,在进行乡村公共服务设施建设时应充分考虑各乡村发展水平,结合乡村实际需求,配置合理的公共基础设施。提升乡村公共服务水平,主要可从以下5个方面进行建设和完善:一是提升农村医疗卫生水平;二是重点发展农村教育事业;三是加强乡村文体设施建设;四是完善农村社会保障体系;五是加强乡村应急能力建设。其次,农村公共服务体系建设要注重均衡化发展,分清矛盾主次,有顺序、有秩序地推进,构建一个均衡的、高质的、能够满足群众需求的公共服务体系。同时也可依靠乡村建设的契机,推进中心城镇、中心乡村建设的进程，引导人口合理化流动，扩增农村公共服务体系的服务范围。最后，构建一个多元化的农村服务供给体系，引导政府、市场、社会公众积极参与公共服务体系的建设。鼓励农民成立专业合作社，结合自身需求成立民间组织，全面满足农民对公共服务的需求，实现乡村公共服务的自给自足。

第七章　乡村环境治理

第一节　农村生活污水处理

一、农村生活污水的概念

农村生活污水是指冲厕、炊事、洗涤、沐浴等农村居民生活活动，以及农家乐等农村经营活动所产生的污水。厕所污水中含有粪便等排泄物，是细菌、寄生虫的载体和病原菌聚集地，也称"黑水"；生活杂排水是指厨房排水、洗衣、清洁和洗浴等排水，也称"灰水"。

二、农村生活污水治理政策

党中央、国务院高度重视农村生活污水处理，习近平总书记强调，因地制宜做好厕所下水道管网建设和农村污水处理，不断提高农民生活质量。

2018 年，全国生态环境保护大会，习近平总书记强调，农村环境直接影响米袋子、菜篮子、水缸子、城镇后花园。要持续开展农村人居环境整治行动，实现全国行政村环境整治全覆盖，打造美丽乡村，为老百姓留住鸟语花香田园风光。

"十四五"规划纲要提出，开展农村人居环境整治提升行动，稳步解决"垃圾围村"和乡村黑臭水体等突出环境问题。

推进农村生活垃圾就地分类和资源化利用，以乡镇政府驻地和中心村为重点梯次推进农村生活污水治理。

《"十四五"土壤（地下水）和农村生态环境保护规划》提出，按照实施乡村振兴战略总要求，强化源头减量、循环利用、污染治理、生态保护，推进农业面源污染防治，新增完成8万个行政村环境整治任务，加大农村生活污水治理力度，稳步解决"垃圾围村"、农村黑臭水体等突出环境问题，深入打好农业农村污染治理攻坚战。

《农业农村污染治理攻坚战行动方案（2021—2025年）》提出："到2025年，农村环境整治水平显著提升，农业面源污染得到初步管控，农村生态环境持续改善。新增完成8万个行政村环境整治，农村生活污水治理率达到40%，基本消除较大面积农村黑臭水体"。

水利部规划计划司和财政部农业农村司出台的《关于开展2021年水系连通及水美乡村建设试点的通知》提出，指导试点实施水系连通及农村水系综合整治，推进生态清洁小流域建设，建设水美乡村。

2023年12月26日，生态环境部办公厅、农业农村部办公厅联合发布了《关于进一步推进农村生活污水治理的指导意见》提出，要健全治理机制，明确重点区域，并且也会因地制宜，分区域实施治理管控政策。

这一系列政策及文件的出台，为农村生活污水处理指明了方向。

三、农村生活污水治理存在的问题及措施

（一）农村生活污水治理存在的问题

农村生活污水治理是农村人居环境整治的重要内容，是实施

乡村振兴战略的重要举措。近年来，各地区、各部门认真贯彻落实党中央、国务院决策部署，农村生活污水治理取得了积极进展，但仍然存在着一些突出问题。

1. 治理机制不完善

有效的治理机制是确保污水处理设施建设和运营协调一致的关键。在一些地区，污水处理设施可能由于缺乏明确的管理责任主体、合理的资金筹措和分配机制，以及有效的监督和评价体系，导致建设和运营脱节。这不仅影响了设施的正常运行，也不利于实现污水处理的长期目标。

2. 治理重点不突出

农村生活污水治理需要根据地区的具体条件和实际需求来确定重点。一些地区可能由于缺乏深入的调研和分析，未能识别出需要优先解决的污水问题，导致治理资源未能得到有效的分配和利用。

3. 治理成效评判标准不科学

科学的评价标准对于衡量治理成效至关重要。当前，一些地区的评判标准可能过于简单或者与实际成效关联性不强，这不仅影响了对治理效果的准确评估，也不利于根据评价结果调整和优化后续的治理措施。

4. 治理模式不精准

治理模式的选择应基于对当地自然环境、经济条件、社会文化等多方面因素的综合考量。一些地区可能采取了"一刀切"的治理模式，未能充分考虑当地的实际情况，导致治理措施与当地需求不匹配，效果不佳。

5. 治理成效不稳固

污水处理设施的建设和运营需要持续性的努力和投入。一些地区可能由于缺乏长期运营的资金支持、技术维护和政策激励，导致已建成的设施无法持续稳定运行，治理成效难以得到保障。

6. 保障措施不健全

资金和政策是推动污水处理设施建设和运营的重要保障。在一些地区，可能由于资金投入不足、政策支持不够有力，导致污水处理设施的建设和运营面临诸多困难。此外，缺乏有效的激励机制和社会参与也限制了治理工作的深入开展。

（二）农村生活污水治理的对策

1. 健全农村生活污水治理机制

为健全农村生活污水治理机制，鼓励建立由县（市、区）政府主导，形成法人主体负责建设运维、多部门协同监管、村民积极参与的治理体系。县级政府需加强领导，统一规划，明确责任分配，确保资金、用地、用电等政策支持，构建长效工作机制。推动专业化市场主体负责城乡污水处理设施的建设和运维管理，实现设施及收集系统的统一运维。生态环境部门在地方政府的领导下，强化治理成效的评估监督，并与工程建设质量监管部门合作，加强设施质量监管。同时，根据当地实际情况完善村规民约，倡导节水，鼓励农民形成良好的用水习惯，减少污水乱排。引导村民参与治理项目的设计、建设、维护和监督，确保治理工作符合民意，提升群众满意度和幸福感。

2. 科学确定治理成效评判基本标准

农村生活污水治理以改变污水造成的脏乱差状况和环境污染，杜绝未经处理直排环境为导向，实现"三基本"：基本看不到污水横流，公共空间基本没有生活污水乱倒乱排现象；基本闻不到臭味，公共空间或房前屋后基本没有黑臭水体、臭水沟、臭水坑等；基本听不到村民怨言，治理成效为多数村民群众认可。

各省级生态环境部门可根据实际情况完善成效评判标准。定期对农村生活污水治理成效进行评估，结合区域水质改善需求，分阶段逐步提高农村生活污水治理水平。

3. 因地制宜选择治理模式和技术

根据村庄的人口密度、地理位置、环境容量和经济条件选择合适的治理策略。对于人口较少、分散居住的村庄，特别是干旱地区，可以采用资源化利用模式，将污水经无害化处理后用于农业灌溉或作为肥料。而对于人口密集的村庄，应选择集中式或相对集中式处理模式，根据污水特性和环境保护需求，采用生态处理技术或生物处理技术，确保处理后的水质达到标准。同时，设施规模要与污水产生量相匹配，管网布局和建设位置要考虑群众意见，确保污水处理设施得到有效利用和维护。对于靠近城镇的村庄，则可以将其污水管网并入城市污水处理系统。

4. 建立长效的运营维护机制

建立长效的运营维护机制需要成立由专业技术人员组成的团队，负责设施的日常运营管理和维护工作，包括定期检查、故障维修和预防性保养。同时，设立专项基金，为污水处理设施的维护、技术升级和扩建提供资金保障，确保资金的稳定和持续投入。此外，建立有效的监督机制，通过制定运营标准和监管流程，对污水处理效果进行定期监测和评估，确保出水水质达到规定标准。同时，鼓励公众参与监督，提高透明度和公信力。

5. 建立多元化的资金筹措机制

建立地方为主、中央补助、社会参与的资金筹措机制，加大对农村生活污水治理的投入力度，积极吸引社会资金参与农村生活污水治理项目。各省市应设立专项资金，并利用金融资金支持污水处理项目，通过城乡项目打包、肥瘦搭配的方式进行综合规划。同时，鼓励县级政府将运维费用纳入预算，并在条件允许的情况下探索建立农户付费制度，确保资金专款专用。此外，通过"多个一点"策略，即地方政府补贴一部分、企业承担一部分、上级政府奖励一部分、社会捐赠一部分以及项目自身平衡一部分，来拓宽资金来源，形成多方参与、共同治理的良性循环。

6. 完善激励政策

对积极参与治理的个人和集体提供政策和经济激励，如税收减免、财政补贴和表彰，以提高其参与热情。严格执行环保法规，对违法排污行为予以严厉处罚，增强法规的威慑力。增强监管透明度，鼓励公众监督，并通过能力建设提高地方政府的监管能力。此外，通过绩效考核确保地方政府重视污水治理工作，并探索政策创新，如建立农户付费制度，形成政府、社会和农民共同参与的治理格局。

四、生活污水处理的方式和方法

（一）农村生活污水处理方式

农村生活污水处理方式主要有 3 种，即分户污水处理、村庄集中污水处理和城乡统一处理。

1. 分户污水处理

分户污水处理是指单户或多户的污水进行就地处理的方式。这种方式主要针对于当前无法集中铺设管网或集中收集处理的村落。分户污水处理的方法主要有 2 种。一是在农户自身庭院内建设污水处理设施或采用移动污水处理车进行污水处理，从而达到净化水质的目的。这种处理方法适用于居住较为分散的山区，由于农户居住分布较远，管网建设费用较高，加上村落规模较小，仅由几户构成，且邻近没有污水处理站。二是运用污水运输车将农户污水统一输送至就近污水处理站。这种方法适合在农户居住附近具有污水处理站，虽然无法铺设管网，但是可联合其他农户集中处理污水。

2. 村庄集中污水处理

村庄集中污水处理是将村庄或一定范围内农户的污水经管网收集就近接入农村生活污水处理设施的处理方式。这种方式主要针对村庄农户居住集中、全部或部分具备管网铺设条件的村落，也是我国农村生活污水处理中普遍应用的方式。通过在村庄附近建设一处农村生活污水处理设施，将村庄内全部污水集中收集输送至此就地处理。就我国广大农村区域而言，某些村落生活污水无法集中纳入市政管网，村落之间呈连片或独立分散分布，地势平坦，人口居住较为集中，该方式能够满足现阶段大部分需要建设处理工程的村落，成为当前国内外处理生活污水的新理念。该模式需要一定的基建费用以及日常维护工作，适用于距离城市管网较远的农村居民集中居住地和居民小区生活污水的收集和处理。

3. 城乡统一处理

城乡统一处理是指邻近市区或城镇可铺设污水管网的村落，当污水收集后接入邻近的市政污水管网，由城镇污水处理厂统一处理。这种方式在村庄附近无需就地建设污水处理站，具有较高的经济性。但对村落条件要求高，适用于 2 种类型的村庄：一是村落内市政污水管道直接穿过；二是生活污水可依靠重力流直接流入市政污水管网，且距离市政污水管网 5 千米内的城市近郊村庄。有些学者认为，在合理的条件下城乡统一处理最具经济性，农村生活污水处理应按照"集中收集污水接入城镇污水管网处理—集中收集污水就地处理—分散处理"的次序进行选择。相比于其他模式，城乡统一处理的优势在于处理效果最具保证，水量水质变化对工程影响小，工程生命周期长，管护方便等，但是一旦村庄距离的市政管网较远或是村庄人口较少，城乡统一处理将产生很高的管道建设费用从而不经济，因此，使这种模式仅局限于距离市政污水管道较近的农村地区。

（二）农村生活污水处理方法

1. 生活污水净化沼气池处理

生活污水净化沼气池处理技术能够适应农村的生活污水处

理，是具有节俭、能够体现环境与社会效益相结合的处理方法。沼气池将污水中的有机物通过厌氧发酵后产生沼气，人们利用沼气做饭、发电等，循环利用。经过处理的生活污水，去除了大部分有机物，达到净化的目的，然后再排放。处理后的水可以用来浇花或者用作喷泉。生活污水净化沼气池取代了传统的化粪池，目前生活污水净化沼气池工艺已经得到了很大的提高，技术也比较完善，农村生活污水的处理水平有所提高。

2. 土地渗滤处理系统处理

土地渗滤处理技术是利用大自然的自动净化能力，将污水中的有机物通过土层或者植被运用物理、化学、生物等作用吸附，对污水中的有机物进行再次利用，使植被长得更加茂盛，对污水中的有机物进行降解。

在污水处理过程中，常常会模仿大自然的效果进行过滤，将污水中的有机物进行降解与分离，适用于农村生活污水的处理。

3. 人工湿地处理技术

人工湿地是模仿大自然的湿地系统建造的处理农村生活污水的一种技术。建造成的构筑物，在此底部，按照一定的技术规划填料进行污水处理。这些填料有石子、沙子等，在此表层种植一些适应于生活污水的生存条件的植被，通过生态系统内的微生物或者植物的协同作用，实现污染物的处理与净化。人工湿地经济适用，适合于处理农村的生活污水。它利用的机理比较复杂，植被的净化起着重要的作用。此污水处理技术已经广泛应用，比较适合农村。

4. 生物滤池技术

生物滤池中有碎石、塑料制品做成的填料，而微生物依附在填料上，生长成生物群落，当污水进入生物滤池后，瞬间形成一个反应器，将污水中的有机物进行分解。填料截留过滤污水中的大颗粒物和悬浮物，起到过滤池的作用。过滤池中的微生物可以将大分子的不溶性物质水解转化为小分子可溶性物质。过流程池中的微生物吸附、吸收水中的有机污染物，一部分转化为自身的生长繁殖与代谢，另一部分将有机污染物进行分解产生沼气排放出去。

5. 太阳能/风能微动力污水处理技术

太阳能/风能微动力污水处理技术是以传统"A^2/O"工艺为基础，由太阳能光伏板、小型风力发电机、蓄电池组、曝气系统、回流系统、微电脑控制系统和远程通信系统等组成，太阳能光伏板将太阳能转为电能，小型风力发电机发电作为曝气设施、回流设施的动力，而多余能量则储存于蓄电池中；根据优化调试后的数据，通过微电脑控制系统，完成自动化控制，自动运行曝气设施、回流设施及搅拌设施。其经过积水、厌氧生物处理、接触氧化、沉淀，从而达标排放。

6. 一体化污水处理设备处理生活污水

一体化污水处理设备采用碳钢或者玻璃钢材质制作，具有易于运输、方便安装。节省占地面积，玻璃钢一体化污水处理设备可以全埋、半埋于地下，也可放置地面。污水处理设备出水无污染、无异味，减少二次污染。污水处理设备机动灵活，可单个使用，也可组合使用。污水处理设备配有可编程逻辑控制器（PLC）自动控制系统和故障报警装置，运行安全可靠，无需专人管理。污水处理设备后期运行成本低。

第二节 农村生活垃圾处理

一、农村生活垃圾的概念、分类和危害

（一）农村生活垃圾的概念

农村生活垃圾是指生活在乡、镇（城关镇除外）、村的农村

居民在日常生活中或在日常生活提供服务的活动中产生的固体废物，以及法律、行政法规规定视为生活垃圾的固体废物。

（二）农村生活垃圾的分类

农村生活垃圾可以分为可回收物、厨余垃圾、有害垃圾和其他垃圾四大类。

1. 可回收物

可回收物是指垃圾中再生利用价值较高、能进入回收渠道的物品，例如，废纸板、玻璃制品、食品保鲜盒、塑料瓶、塑料泡沫、电脑、易拉罐、废旧衣物等。

2. 厨余垃圾

厨余垃圾是指农村居民家庭日常生活中产生的剩菜剩饭、菜根菜叶、果皮、过期食物以及家庭产生的花草、落叶等易腐烂的垃圾。

3. 有害垃圾

有害垃圾主要包括废旧灯管灯泡、油漆罐、电池类、过期药品、过期化妆品等。

4. 其他垃圾

其他垃圾是指生活垃圾中除去可回收物、有害垃圾和厨余垃圾之外的生活垃圾，一般包括烟头、破旧陶瓷品、坚硬果皮（如榴莲壳）、厕纸、废弃卫生巾、渣土等。

（三）农村生活垃圾的危害

1. 农村生活垃圾对水体的危害

农村生活垃圾对水体的污染包括直接污染和间接污染，生活垃圾经雨水冲刷后，可溶解出有害成分，污染水质，破坏农村生态环境。

2. 农村生活垃圾对土壤的危害

农村生活垃圾露天堆放，不仅会占用土地资源，有毒垃圾还会通过食物链影响人体健康。另外，垃圾渗出液还会改变土壤成分和结构，使土壤的保肥、保水能力大大下降，被严重污染的土壤甚至无法耕种。

3. 农村生活垃圾对大气的危害

农村生活垃圾在敞开运输和堆放过程中会产生恶臭，向大气中释放出含氨和硫化物的污染物，臭味将影响村民居住生活的舒适度。如果生活垃圾露天焚烧会产生大量的有害气体和粉尘，不但会导致空气能见度降低，还会影响人体健康。

4. 农村生活垃圾对人体的危害

农村生活垃圾若处理不当，会引起呼吸道疾病，降低人体免疫力，传播疾病，引起急性或慢性中毒，甚至诱发癌症。

二、农村生活垃圾处理的政策

2020 年中央一号文件提出，全面推进农村生活垃圾治理，开展就地分类、源头减量试点。这是国家在中央一号文件中第一次提及"垃圾分类"。

2021 年，农村垃圾治理更进一步，在分类的基础上，提出了健全收运体系和资源化处理的要求。这年中央一号文件提出，健全农村生活垃圾收运处置体系，推进源头分类减量、资源化处理利用，建设一批有机废弃物综合处置利用设施。同时，2021年中央一号文件还提出"有条件的地区推广城乡环卫一体化第三方治理"。城乡环卫一体化第一次出现在中央一号文件里。

2021 年 10 月，住房和城乡建设部颁布实施《农村生活垃圾收运和处理技术标准》（GB/T 51435—2021），对分类、收集、转运、处理各环节日常作业管理进行了详细规定。

2021 年 12 月，中共中央办公厅、国务院办公厅印发了《农村人居环境整治提升五年行动方案（2021—2025 年）》，提出到

2025 年，农村人居环境显著改善，生态宜居美丽乡村建设取得新进步；农村卫生厕所普及率稳步提高，厕所粪污基本得到有效处理；农村生活污水治理率不断提升，乱倒乱排得到管控；农村生活垃圾无害化处理水平明显提升，有条件的村庄实现生活垃圾分类、源头减量；农村人居环境治理水平显著提升，长效管护机制基本建立。

2022 年中央一号文件提出，推进生活垃圾源头分类减量，加强村庄有机废弃物综合处置利用设施建设，推进就地利用处理。

2022 年 5 月 20 日，住房城乡建设部、农业农村部、国家发展改革委、生态环境部、乡村振兴局和供销合作总社六部门联合印发《关于进一步加强农村生活垃圾收运处置体系建设管理的通知》（以下简称《通知》）。《通知》明确，对垃圾转运站产生的污水、卫生填埋场产生的渗滤液以及垃圾焚烧厂产生的炉渣、飞灰等，按照相关法律法规和标准规范做好收集、贮存及处理。推行收运处置体系运行管护服务专业化，加强对专业公司服务质量的考核评估等。

2023 年中央一号文件提出，推动农村生活垃圾源头分类减量，及时清运处置。推进厕所粪污、易腐烂垃圾、有机废弃物就近就地资源化利用。

2024 年中央一号文件除了重提"健全农村生活垃圾分类收运处置体系"，还首次提出"完善农村再生资源回收利用网络"。

三、农村生活垃圾的收集和转运

（一）农村生活垃圾的收集

我国农村生活垃圾的收集方式主要分为分类收集和混合收集。

分类收集是将农村生活垃圾进行分类，并在收集点设置不同的容器进行分类回收。

　　混合收集是指将产生的各种垃圾混合在一起，这种方式由于简单、方便、对设施和运输的要求比较低，是农村中通常采用的方法，但由于前端垃圾混合在一起，不便于后期对不同成分的垃圾进行处理和资源的回收，同时也加大了对环境的负荷。

　　（二）农村生活垃圾的运输和转运

　　1. 运输和转运的主要设施

　　生活垃圾运输和转运的主要设施有垃圾运输车和垃圾中转站。垃圾运输车包括改装汽车、垃圾收集车；垃圾中转站包括非压缩式转运和压缩式转运。

　　非压缩式转运避免垃圾收集及转运站产生大量的渗滤液，但不能实现垃圾转运前的减容，不便于运输；而压缩式转运减少了垃圾中的水分，实现了垃圾的减容，便于运输，但压缩过程产生的渗滤液需进行达标排放处理。

　　2. 生活垃圾运输和转运存在的问题

　　生活垃圾运输和转运主要存在以下问题。

　　第一，生活垃圾随意投放；第二，收运设备匮乏，建设标准低；第三，收集和转运设施规划不合理；第四，收运设备设计不合理；第五，收运模式尚需探索；第六，缺乏长效运行机制。

　　3. 生活垃圾运输和转运的影响因素

　　生活垃圾收运方式的主要影响因素包括：垃圾收集密度、收运经济性、环境影响、处置设施选址和农村居民意愿。

四、农村生活垃圾的处理技术

　　目前，农村生活垃圾的处理技术主要包括以下几种。

　　（一）卫生填埋技术

　　卫生填埋是指利用工程手段，采取有效技术措施，防止渗滤液及有害气体对水体和大气的污染，并将垃圾压实减容至最小，且在每天操作结束或每隔一定时间用覆盖材料覆盖，使整个过程对公共卫生安全及环境均无危害的一种填埋处理方法。

（二）垃圾焚烧技术

焚烧技术是目前生活垃圾处理的有效途径之一，是指将垃圾作为固体燃料送入垃圾焚烧炉中，生活垃圾中可燃成分在 800 ~ 1 200℃ 的高温下氧化、热解而被破坏，转化为高温的燃烧气和少量性质稳定的固体废渣的一种技术。

（三）垃圾堆肥处理技术

垃圾堆肥处理是指在控制条件下，通过细菌、真菌、蠕虫和其他生物体使有机垃圾从固态有机物向腐殖质转化，最后达到腐熟稳定、成为有机肥料的过程，这个过程一般伴随有微生物生长、繁殖、消亡和种群演替等现象。

堆肥技术处理生活垃圾是利用氧气的一种分解过程。该过程一般是在有氧和有水的情况下，对生活垃圾进行分解，它的分解过程可以简单表示为：有机物质+好氧菌+氧气+水→二氧化碳+水（蒸汽状态）+硝酸盐+硫酸盐+氧化物。从这个过程可以看出，垃圾堆肥是需要消耗氧气的。

（四）厌氧消化处理技术

厌氧消化处理技术是指以农村有机生活垃圾作为主要原料，使其在严格的厌氧条件下经过水解、酸化、产氢产乙酸、产甲烷4 个阶段，以沼气作为最终产物的一种技术。

（五）其他垃圾处理新技术

1. 蚯蚓堆肥技术

蚯蚓堆肥技术是指在微生物的协同作用下，利用蚯蚓本身活跃的代谢系统将垃圾废料分解转化，形成可以利用的土地肥料。使用的蚯蚓主要有正蚓科和巨蚓科的几个属种。该技术成本低、成效高，废物可再利用，有助于丰富资源。采用这一技术，在完成垃圾处理的同时，还可将蚯蚓作为科研产物进行研究，挖掘更好的用途。该技术有一定的科技含量，在正确的指导下能推广利用。

2. 垃圾衍生燃料技术

垃圾衍生燃料技术是指对垃圾进行破碎筛选得到以可燃物为主体的废物，或者将这些可燃物进一步粉碎、干燥制成固体燃料。该技术有许多优点，如由于粉碎混合均匀、燃烧完全、热值大，燃烧产生的有害气体和固体烟雾少。在南、北方地区，农村生活垃圾都可以进行能源生产、发电供暖等。但采用这种技术时，燃烧会产生温室气体和一氧化碳，所以有应用前景，但需要进行改进研究。

3. 气化熔融处理技术

该技术将生活垃圾在600℃的高温下热解气化和灰渣在1 300℃以上熔融这两个过程有机结合。农村生活垃圾热解后产生可燃的气体能源，垃圾中未氧化的金属可以回收。热分解气体燃烧时空气系数较低，能大大降低排烟量，提高能源利用率，减少氮氧化物的排放。这种技术可最大限度地进行垃圾减量、减容，具有处理彻底的优点。但是，该技术能源消耗量大，需要组织集中处理，因此，在农村推广使用不太现实，需要政府提供资金支持。

4. 高温高压湿解技术

农村生活垃圾湿解是在湿解反应器内，对农村生活垃圾中的可降解有机质用湿度为433～443开尔文、压力为0.6～0.8兆帕的蒸汽处理2小时后，用喷射阀在20秒内排出物料，同时破碎粗大物料并闪蒸蒸汽，再用脱水机进行液固分离。湿解液富含黄腐酸，可用于制造液体肥料或颗粒肥料。脱水后的湿物料可用于燥机进行烘干到水分小于20%，过筛，粗物料再进行粉碎。高温高压湿解的固形物质可作为制造有机肥的基料，湿解基料也富含黄腐酸。高温高压水解法处理农村生活垃圾由垃圾分选系统、垃圾水解系统、垃圾焚烧系统、制肥自动控制系统组成，具有垃圾分选效果好，运行成本低，有机物利用率高，无需添加酸性催化剂，避免了对环境产生二次污染等优点。

5. 太阳能-生物集成技术

该技术是利用生活垃圾中的食物性垃圾自身携带菌种或外加菌种进行消化反应，应用太阳能作为消化反应过程中所需的能量来源，对食物性垃圾进行卫生、无害化生物处理。在处理过程中利用垃圾本身所产生的液体调节处理体的含水率，不但能够强化厌氧生物量，而且能够为处理体提供充足的营养，从而加速处理体的稳定，在处理过程中产生的臭气可经脱臭后排放。当阴雨天或外界气温较低时，它能依靠消化反应过程中产生的能量来维持生物反应的正常进行。

第三节　畜禽粪便资源化利用

一、畜禽粪便资源化利用的概念

畜禽粪便资源化利用是指在畜禽粪污处理过程中，通过生产沼气、堆肥、沤肥、沼肥、肥水、商品有机肥、垫料、基质等方式进行合理利用。畜禽规模养殖场粪污资源化利用应坚持农牧结合、种养平衡，按照资源化、减量化、无害化的原则，对源头减量、过程控制和末端利用各环节进行全程管理，提高粪污综合利用率和设施装备配套率。

二、畜禽粪便资源化利用的政策

近年来，国家不断完善制度体系，加大政策支持力度，加快推进畜禽粪污资源化利用。

2017年，国务院办公厅印发《关于加快推进畜禽养殖废弃物资源化利用的意见》，指导地方推行种养结合，编制种养循环发展规划，根据环境容量和土地承载能力，统筹安排种养发展空间，优化调整畜禽养殖布局，明确粪肥利用目标、途径和任务，促进种养循环。

2018年，农业农村部印发《畜禽粪污土地承载力测算技术指南》，综合考虑畜禽粪污养分供给、土壤粪肥养分需求、畜禽存栏量和作物产量等因素，指导地方优化畜牧业区域布局，合理配套粪肥消纳土地面积，促进"以地定养""种养平衡"，推动畜禽粪肥就地就近还田利用。

2020年，农业农村部办公厅、生态环境部办公厅联合印发《关于进一步明确畜禽粪污还田利用要求强化养殖污染监管的通知》，督促指导养殖场根据养殖规模明确配套农田面积、粪肥施用时间及施用量，避免施用超量或时间不合理，严防还田环境风险。

2021年，农业农村部联合有关部门印发《"十四五"全国畜禽粪肥利用种养结合建设规划》，将全国分为7个区域，系统分析每个区域的地理特点、养殖种类、规模化程度和耕地质量等情况，支持建设堆沤肥、液体粪污贮存发酵、沼气发酵等设施装备，因地制宜推广堆沤肥还田、液体粪污贮存还田、沼肥还田等技术模式，建立粪肥还田利用示范基地，指导各地强化"以地定畜"的总体原则，充分发挥政府主导作用。

"十四五"以来，农业农村部联合有关部门持续实施畜禽粪污资源化利用整县推进项目，每年安排中央预算内投资 20 亿元，支持种养主体配套完善粪污处理设施，购置粪肥还田利用设施设备，支持布局合理、运行机制完备的粪污集中处理中心建设，培育壮大粪污处理与粪肥还田社会化服务组织，建立粪肥还田示范基地，多形式推进畜禽粪污资源化利用。聚焦畜牧大省、粮食和蔬菜主产区、生态保护重点区域，启动实施绿色种养循环农业试点，整县开展粪肥就地消纳、就近还田补奖，支持新型农业经营主体、专业化服务组织提供粪肥还田服务。2022 年在全国 251 个县（农场）开展了试点工作，集成了一批可复制、可推广的绿色种养循环农业技术模式，有力带动了县域内畜禽粪污基本还田。积极开展畜禽粪污资源化利用的宣传引导工作，联合农民日报社开展节能减排宣传周，配合中央国家安全委员会办公室编制《国家生态安全知识百问》，宣传畜禽粪污资源化利用有关知识和典型案例，宣贯绿色发展理念，引导民众提升对畜禽粪污科学处理与利用的认知。

为贯彻落实党中央、国务院加快推动畜禽粪污资源化利用的决策部署，充分发挥标准对畜禽粪污资源化利用的规范和引领作用。2023 年 8 月，国家标准委、农业农村部、生态环境部联合印发《关于推进畜禽粪污资源化利用标准体系建设的指导意见》，这是国家层面首次围绕全链条畜禽粪污资源化利用提出的标准体系建设指导意见。

三、畜禽粪便无害化处理与利用技术

（一）畜禽粪便肥料化利用技术

1. 直接施肥

该模式的核心是将养殖业产生的畜禽粪便，直接排放到农田，经过在农田的自然堆沤，为农田提供有机质、氮磷钾等养

分，用于农田作物的生长发育。通过畜禽粪便缓慢的自然发酵转变为有机肥，将种植业和养殖业有机结合，达到物质和能量在种植业和养殖业之间循环流通的目的。此种模式将畜禽养殖排出的粪便不经任何处理直接用作肥料施入田间，无须专门的设备，节省了费用，省去了粪便处理的时间。然而畜禽粪便不做任何处理直接用作肥料，存在许多缺点。

（1）传染病虫害。畜禽粪便中含有大量的大肠杆菌、线虫等有碍健康的微生物，直接施用会导致病虫害的传播，使作物发病，对人体健康产生不良影响；未腐熟有机物质中还含有植物病虫害的侵染源，施入土壤后会导致植物病虫害的发生。

（2）发酵烧苗。未发酵的粪便施入土壤后，当发酵条件具备时，在微生物的活动下，生粪发酵，当发酵部位距植物根部较近，或作物植株较小时发酵产生的热量会影响作物生长，严重时会导致植株死亡。

（3）毒气危害。生粪在分解过程中产生甲烷、氨等有害气体，使土壤中作物产生酸害和根系损伤。

（4）土壤缺氧。有机物质在分解过程中消耗土壤中的氧气，使土壤暂时性地处于缺氧状态，在这种缺氧状态下，作物生长会受到抑制。

（5）肥效缓慢。未发酵腐熟的有机肥料中养分多为有机态或缓效态，不能被作物直接吸收利用，只有分解转化成速效态才能被作物吸收利用，所以有机肥未发酵直接施用会使肥效减慢。

（6）污染环境。养殖场采用直接施用方式消纳粪便，在农作物施肥高峰时粪便还可处理掉；但施肥淡季，粪便无人问津，只好任凭堆积，风吹雨淋，肥效流失，污染环境。

（7）运输不便。未经处理直接使用，粪便体积大，有效性低，运输不便，使用不方便。

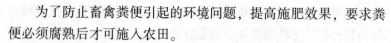

为了防止畜禽粪便引起的环境问题，提高施肥效果，要求粪便必须腐熟后才可施入农田。

2. 现代堆肥发酵

传统的堆肥技术通常露天堆积，堆料内部处于厌氧环境，这种发酵方法占地大、时间长而且发酵不彻底。现代堆肥工艺通常采用好氧堆肥工艺，其基本堆肥流程包括前处理、一次发酵、二次发酵、后处理和贮藏等工序。

（1）前处理。前处理的主要任务是调整水分和 C/N 比。前处理的工作还包含粉碎、分选和筛分等工序。这些工序可以去除玻璃、石头、塑料布等粗大垃圾和不能堆肥的垃圾，并通过粉碎使堆肥原料的含水率达到一定程度的均匀化，同时在堆肥过程中保持一定的孔隙。使原料的表面积增加，便于微生物定植和活动，从而提高发酵效率。在此阶段降低水分、增加透气性和调整 C/N 比的主要措施是添加有机调理剂和膨胀剂。例如，加入堆肥腐熟物，调节起始物料的含水率，或者添加锯末、秸秆、稻壳、枯枝落叶、花生壳、褐煤、沸石等。

（2）一次发酵。一次发酵又称为主发酵。现代堆肥中通常将堆料置于发酵池（装置）内，通过翻堆或者强制通风向堆料中供应氧气。堆料在嗜温菌的作用下开始新陈代谢，首先将易分解的物质分解为二氧化碳和水，同时产生热量，使堆温上升。在温度上升到 $45\sim65℃$ 时，嗜热菌取代嗜温菌。此时要注意避免温度过高。在温度过高时通过翻堆通风的方式进行调整。在保持高温一段时间后，堆料中的各种病原菌被高温杀灭，堆肥温度逐渐下降。一次发酵通常维持 $4\sim12$ 天，是从堆肥至温度升到最高再开始下降的一段时间，即包括起始阶段和高温阶段。

（3）二次发酵。二次发酵又称为后发酵。此阶段接着上述一次发酵的产物继续进行分解。将一次发酵阶段未分解和分解不彻底的有机物进一步分解转化为腐植酸、氨基酸等比较稳定的有机物，实现堆肥产品的完全腐熟。此阶段时间较长，通常在20~30天。

（4）后处理。对于经过一次发酵和二次发酵的堆肥产物。已经成为粗有机肥产品，可以直接用于农田、果园、菜园等；也可经过进一步的精选，制成精有机肥产品，或者根据市场需求和生产要求，添加氮磷钾等制成有机-无机复合肥，做成袋装产品，用于种植业、林业生产中。

（二）畜禽粪便饲料化利用技术

畜禽粪便饲料化处理的方法包括以下几种。

1. 新鲜粪便直接作饲料

新鲜粪便用作家畜饲料，简便易行。例如，将鲜兔粪按照3∶1代替麸皮拌料喂猪，平均每增重1千克活重节省0.96千克饲料，且猪的增重、屠宰率和品质与对照组没有差异。

鸡粪尤其适于该种方法。由于鸡的消化道短，食物从吃入到排出约4小时，所食饲料70%左右的营养物质未被消化而直接排出。在排出的鸡粪中按照干物质计算，粗蛋白含量为20%~30%，氨基酸含量与玉米等谷物相当甚至还高，富含微量元素等。因此，可以利用鸡粪代替部分精料来饲喂猪、牛等家畜。正如前面所述，鸡粪做饲料的安全性问题不容忽视。鸡粪中含有吲哚、脂类、尿素，其中还有病原微生物、寄生虫等，由于其复杂的成分组成，鸡粪在作家畜饲料时容易造成禽畜间交叉感染或传染病暴发。因此，在使用之前，可以用福尔马林溶液（含甲醛的质量分数为37%）等化学药剂进行喷洒搅拌，24小时后其中的吲哚、脂类、尿素、病原微生物等就可以被去除。也可以用接种米曲霉和白地酶，再用瓮灶蒸锅杀菌达到去除有害物质和病原微生物的目的。

2. 青贮

该方法简单易行，效果好，使用较为普遍。具体的做法是：

将新鲜禽粪与其他饲草、糠麸、玉米粉等混合，调节混合物的含水率为40%左右，装入塑料袋或者其他容器内压实，在密闭条件下进行贮藏，经过20~40天即可使用。该方法处理过的饲料能够杀死粪便中的病原微生物、寄生虫等，尤其适于在血吸虫病流行的地区使用。处理过的饲料还具有特殊的酸香味道，可以提高饲料的适口性。

3. 干燥法

该方法主要是利用高温，使畜禽粪便中迅速失水。该方法处理效率高效，且设备简单，投资少。经过处理的粪便干燥后，不仅能更好地保存其中的营养物质，且微生物数量大大减少，无臭气，也便于运输和贮存，满足卫生防疫和商品饲料的生产要求。常用的技术有自然干燥、高温快速干燥和烘干等。

4. 发酵法

（1）普通发酵法。该方法主要是利用畜禽粪便中原有的微生物在合适的条件下进行新陈代谢，在产生热量的同时，消灭粪便中的病原微生物、寄生虫卵和杂草种子等。

以鸡粪为例：将玉米粉、棉粕或菜粕按照1∶1的比例，其中添加0.5%的食盐，搅拌均匀制成混合料。根据鲜鸡粪的含水率加入预制的混合料，调整物料至用手紧握能成团、轻触即散的状态。然后堆置成高0.6米、宽1.0米的梯形堆，长度根据空间而定，没有限制。堆积时让物料保持自然松散的状态，不可踩压。在堆积完成后，表面覆盖草帘、秸秆等透气保温材料。堆料中本有的微生物开始分解其中的有机物，同时产热，维持堆体的温度55~65℃就可以灭绝绝大多数病原微生物和寄生虫卵，并将鸡粪中的非蛋白氮转化为菌体蛋白，同时产生B族维生素、抗生素及酶类等有益成分。一般堆积36小时后即进行一次翻堆，期间如果堆体温度下降，则说明堆体中的氧气耗尽，需要及时进行翻堆增氧。翻堆后 2～3 天可将发酵料在日光下暴晒干燥，将干燥后的鸡粪发酵料粉碎，去除其中的鸡毛等杂质，即可装袋用于家畜饲喂。用该方法生产的鸡粪饲料具有清香味，适口性很好。

在发酵前，也可在发酵料中添加适量的能量饲料，或者遮挡鸡粪不良气味的香味剂，如水果香型、谷香型等，以增强适口性。或者为了弥补鸡粪中粗蛋白可利用能值较低，与玉米粉等能量饲料混合，调整能氮比，用于促进瘤胃微生物群落发育，增强牛羊等反刍家畜对鸡粪饲料的适应性。也可考虑将发酵产物制成颗粒型饲料，方便运输、贮藏和食用。

（2）两段发酵法。两段发酵法是在新鲜鸡粪中添加外源微生物，通过好氧发酵与厌氧发酵相结合的方法制备饲料。具体的制作技术如下。

将新鲜鸡粪去杂，去除鸡毛、塑料等不适于发酵的杂物。然后按照 32.5% 鲜鸡粪、40% 木薯粉或米糠、15% 麸皮、10% 玉米面、2% 食盐的比例，并加入 0.5% 已激活的活性多酶糖化菌充分搅拌。调节混合物料的含水率达到 60% 左右，即以手握物料指缝中见水而不滴下为宜。然后用塑料布覆盖堆料，保持在 28～37℃进行好氧发酵，发酵 12 小时后翻堆，继续好氧发酵 24 小时。然后将堆料装入水泥池中或者足够大的容器中，层层压实，在堆体上面覆盖一层塑料布，并用细沙等覆盖，确保不透气。继续进行厌氧发酵，期间会产生挥发性脂肪酸和乳酸等有机酸性物质，能显著抑制白痢杆菌等肠道病菌的繁殖，提高食用畜禽的抗病性。经过 10～15 天，即可制成无菌、营养丰富、颜色金黄、散发苹果香味的饲料。制成的饲料还可以通过自然晾晒或者机械烘干的方式进一步脱水加工制成颗粒饲料。

（3）现代发酵法。随着畜禽养殖规模化、集约化程度提高，

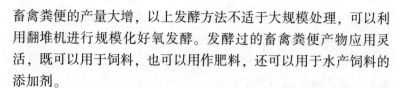

畜禽粪便的产量大增，以上发酵方法不适于大规模处理，可以利用翻堆机进行规模化好氧发酵。发酵过的畜禽粪便产物应用灵活，既可以用于饲料，也可以用作肥料，还可以用于水产饲料的添加剂。

5. 分解法

该方法是利用畜禽粪便饲养蝇、蛆、蚯蚓、蜗牛等动物，再将动物粉碎加工成粉状或浆状，用以饲喂畜禽。蝇、蛆、蚯蚓、蜗牛等动物将畜禽粪便中的有机物转化成自身的生长发育，这些动物体内含有丰富的蛋白，都是很好的动物性蛋白质饲料，且品质很高。

（三）畜禽养殖生物发酵床养殖技术

发酵床养殖技术是综合利用微生物学、营养学、生态学、发酵工程学、热力学原理，以活性功能微生物作为物质能量"转换中枢"的一种生态环保养殖方式。其技术核心在于利用活性微生物复合菌群，长期、持续、稳定地将动物粪尿完全降解为优质有机肥和能量。实现养猪无排放、无污染、无臭气，彻底解决规模养猪场的环境污染问题的一种养殖方式。发酵床养猪技术是一种无污染、零排放的有机农业技术，是利用我们周围自然环境的生物资源，即采集本地土壤中的多种有益微生物，通过对这些微生物进行培养、扩繁，形成有相当活力的微生物菌种，再按一定比例将微生物菌种、锯木屑以及一定量的辅助材料和活性剂混合、发酵形成有机垫料。在经过特殊设计的猪舍里，填入上述有机垫料，再将仔猪放入猪舍。猪从小到大都生活在这种有机垫料上面，猪的排泄物被有机垫料里的微生物迅速降解、消化，不再需要对猪的排泄物进行人工清理，达到零排放，生产出有机猪肉，同时达到减少对环境污染的目的。

发酵床养猪技术的原理是运用土壤里自然生长的、被称为土着微生物的多种有益微生物，迅速降解、消化猪的排泄物。生产者能够很容易地采集到土壤微生物，并进行培养、繁殖和广泛运用。发酵床养猪技术可以很好地解决现代养猪遇到的难题，达到养猪无污染的目的。一是减轻对环境的污染。采用发酵床养猪技术后，由于有机垫料里含有相当活性的土壤微生物，能够迅速有效地降解、消化猪的排泄物，不再需要对猪粪尿清扫排放，也不会形成大量的冲圈污水，从而没有任何废弃物排出养猪场，猪舍里也不会臭气冲天和苍蝇滋生，真正达到养猪零排放的目的。二是改善猪舍环境、提高猪肉品质。发酵床结合特殊猪舍，使猪舍通风透气、阳光普照、温湿度均适合于猪的生长，再加上运动量的增加，猪能够健康地生长发育，几乎没有猪病发生，也不再使用抗生素、抗菌性药物，提高了猪肉品质，生产出真正意义上的有机猪肉。三是变废为宝、提高饲料利用率。在发酵制作有机垫料时，需按一定比例将锯木屑等加入，通过土壤微生物的发酵，这些配料部分转化为猪的饲料。同时，由于猪健康地生长发育，饲料的转化率提高，一般可以节省饲料 20%～30%。四是节工省本、提高效益。由于发酵床养猪技术有不需要用水冲猪舍、不需要每天清除猪粪；生猪体内无寄生虫、无需治病；采用自动给食、自动饮水技术等众多优势，达到了省工节本的目的。

第八章　加强村民自治

第一节　村民自治的内涵和作用

一、村民自治的内涵

村民自治是指依照《中华人民共和国宪法》（以下简称《宪法》）和《中华人民共和国村民委员会组织法》（以下简称《村民委员会组织法》）的规定，在广大农村普遍推行的一种社区制度，是广大农民群众直接行使民主权利，依法办理自己的事情，创造自己的幸福生活，实行自我管理、自我教育、自我服务的一项基本社会政治制度，是亿万农民群众在中国共产党的领导下，依据马克思主义关于社会主义的理论和中国基本国情，对民主形式和途径的一种积极探索与正确选择。其中，村民自治中的"村"是指"行政村"而非"自然村"，村民自治的主体是全体村民而非"村民委员会"。

二、我国村民自治的发展

村民自治制度是中国特色社会主义政治制度的重要组成部分，村民委员会的公开透明选举保障了村民行使民主权利的途径。村务公开、民主评议等畅通了村民表达利益诉求的渠道。从自治的角度看，我国村民自治经历了 3 个发展阶段。

（一）以自然村为基础自生自发的村民自治

20 世纪 50 年代至 70 年代，我国农村实行人民公社体制，但这一体制在后期面临解体压力。特别是 20 世纪 70 年代后期，随着包产到户政策的推行，公社体制下的生产小队逐渐失去作用，基层公共事务陷入"治理真空"状态。在这一背景下，广西宜州市（现为宜州区）、罗城一带的农民开始自发组织起来，通过村民委员会的形式管理公共事务，解决治安等问题。这种自生自发的村民自治形式，基于自然村的历史传统和共同体基础，有效填补了治理空白。

1982 年，国家正式在《宪法》中提出了村民委员会的概念，并将其确定为基层群众自治组织。1987 年，《中华人民共和国村民委员会组织法（试行）》的通过，标志着村民自治制度进入了规范化阶段。该法明确规定了村民委员会的性质、职责和选举程序，为村民自治提供了法律保障。在这一阶段，村民自治主要以自然村为基础展开，通过村民的自我管理、自我教育和自我服务，实现了基层公共事务的有效治理。

（二）以建制村为基础规范规制的村民自治

随着农村社会的进一步变迁和国家治理体系的完善，村民自治也面临着新的挑战和机遇。由于自然村规模不一、分布不均，以自然村为基础的村民自治难以适应现代化治理的需求。因此，国家开始推动以建制村为基础的村民自治发展。

1998 年，全国人大常委会修订通过了《中华人民共和国村民委员会组织法》，正式将村民委员会所在的"村"界定为建制村。建制村是国家统一规定并基于国家统一管理需要的村组织，具有明确的行政边界和统一的管理体制。这一变革为村民自治提供了新的发展平台。

在以建制村为基础的村民自治中，国家通过法律规定了村民委员会的性质、职责和选举程序，并加强了对其工作的指导和监督。同时，村民也通过民主选举产生村民委员会成员，参与本村公共事务的决策和管理。这种规范化的村民自治形式，有效提升了农村治理的效率和水平，促进了农村社会的和谐稳定。

然而，以建制村为基础的村民自治也面临着一些挑战和问题。由于建制村规模较大、人口众多，村民之间的利益诉求和意见分歧也相应增加。同时，村民委员会在承担大量行政任务的同时，也难以充分发挥其自治功能。因此，如何平衡国家管理和村民自治之间的关系，成为当前村民自治面临的重要问题。

（三）内生外动推动村民自治创新发展

进入 21 世纪以来，随着我国经济社会的快速发展和城乡差距的扩大，农村治理问题日益突显。为了解决这些问题，地方政府开始采取一系列积极干预措施，推动农村社会治理创新。在这一背景下，村民自治也迎来了新的发展机遇。

一些地方开始探索以自然村或村民小组为单位的村民自治模式，通过划小治理单元、激发内生动力等方式，推动村民自治创新发展。例如，在广东省云浮市和清远市等地，通过建立三级理事会等自治组织，开发农村内在资源，兴办公益事业；在广西壮族自治区河池市等地，则将党的基层组织与村民自治组织联动起来，创造"党领民办、群众自治"机制；在湖北省宜昌市等地，则推行网格化管理的同时注重发挥村民自治的作用。

这些创新实践具有以下共同特点：一是注重发挥农村内部力量参与社会治理的作用；二是将自治组织建立在建制村以下的小规模单位上，便于村民直接参与和自我管理；三是注重自治组织与行政组织之间的协调配合，实现良性互动；四是注重发挥党组织在村民自治中的引领作用。这些特点使村民自治在农村社会治理中发挥了更加积极的作用，有效推动了农村社会的和谐稳定发展。

三、村民自治的重要作用

(一) 村民自治促进基层法治建设

民主和法治是对立统一的，没有民主的法治，不是真正的法治，没有法治的民主，也不是真正的民主。一方面，要加强农村法治建设，严格依法办事，就必须扩大基层民主，实行村民自治，充分调动和发挥农民群众参政议政的主动性和积极性，集思广益，把村里的事情办好；另一方面，扩大基层民主，落实和发展村民自治也必须在《宪法》和法律规定的范围内，不能搞无政府主义的极端民主化。村民在行使民主权利的同时，应当自觉履行好法律规定的义务。

(二) 村民自治推动农村经济发展

经济发展与政治民主是相辅相成、相互促进的。农村经济发展离不开基层民主保障，村民自治能够切实保障和促进农村经济的发展。农村经济不断发展，农民生活水平不断提高，就必然要求用政治上的民主权利来保障自己的经济利益。而与此同时，村民自治保障村民可以直接行使民主权利，只有充分调动了村民的积极性、主动性和创造性，他们才会真心拥护党和国家的各项政策，从而促进农村经济的进步和发展。

(三) 村民自治是我国社会主义民主政治建设的基本内容

社会主义民主的本质是人民当家作主，村民自治就是广大的基层村民群众实行自我教育和管理，是人民当家作主的直接体现，所以说实行村民自治是实现社会主义民主的有效形式和重要形式。村民自治是基层民主建设的突破口，是基层民主中公民参与政治生活的重要形式。广大农民通过行使民主选举、民主决策、民主管理和民主监督的权利，进行自我管理、自我教育、自我服务，真正实现当家做主。

第二节　村民自治的内容和方式

一、村民自治的内容

村民自治的内容是自我管理、自我教育、自我服务。

（一）自我管理

自我管理就是村民组织起来，自己管理自己，自己约束自己，自己办理自己的事务。

（二）自我教育

自我教育就是通过开展村民自治活动，使村民受到各种教育。在这种自我教育中，教育者和被教育者是统一的。每个村民既是教育者，又是受教育者，每个村民通过自己的行为影响其他村民，主要担当教育任务的村民委员会也来自村民。

（三）自我服务

自我服务在基层群众自治中具有重要作用，有利于增强自治的吸引力和凝聚力，团结村民开展自治。自我服务的特点是：服务项目根据村民需要确定，重大项目由村民会议讨论决定；所需费用和资金由村民自己筹集；村民一起动手，共同兴办，村民委员会负责组织协调。自我服务的内容主要有两个方面：一是社会服务；二是生产服务。农村实行以家庭承包经营为基础、统分结合的双层经营体制后，开展生产服务十分必要。

二、村民自治的方式

村民自治的方式是民主选举、民主决策、民主管理、民主监督。因此，全面推进村民自治，也就是全面推进村级民主选举、村级民主决策、村级民主管理和村级民主监督。

（一）全面推进村级民主选举，把干部的选任权交给村民

民主选举，就是按照《宪法》、《村民委员会组织法》和村委会选举办法等法律法规，由村民直接选举或罢免村委会干部。村委会由主任、副主任和委员 3~7 人组成，每届任期 3 年，届满应及时进行换届选举。选举实行公平、公正、公开的原则，把"思想好、作风正、有文化、有本领、真心愿意为群众办事的人"选进村委会班子。也就是说，选出一个群众信赖、能够带领群众致富奔小康的村委会领导班子。

（二）全面推进村级民主决策，把重大村务的决定权交给村民

民主决策，就是凡涉及村民利益的重要事项，如享受误工补贴的人数及补贴标准，从村集体经济所得收入的使用，村办学校、村建道路等公益事业的经费筹集方案，村集体经济项目的立项、承包方案及村公益事业的建设承包方案，村民的承包方案，宅基地的使用方案等，都应提请村民会议或村民代表会议讨论，按多数人的意见作出决定。村民议事的基本形式是由本村 18 周岁以上村民组成的村民会议。

（三）全面推进村级民主管理，把日常村务的参与权交给村民

民主管理，就是依据国家的法律法规和党的方针政策，结合本地的实际情况，全体村民讨论制定村民自治章程或村规民约，把村民的权利和义务，村级各类组织之间的关系、职责、工作程序以及经济管理、社会治安、村风民俗、计划生育等方面的要求规定清楚，加强村民的自我管理、自我教育、自我服务。村民自治章程是村民和村干部自我管理、自我教育、自我服务的综合性章程，也是村内最权威、最全面的规章。村规民约一般是就某个突出问题，如治安、护林、防火等作出规定，作为村民的基本行

为规范。

（四）全面推进村级民主监督，把对村干部的评议权和村务的知情权交给村民

民主监督，就是通过村务公开、民主评议村干部和村委会定期报告工作等形式，由村民监督村中重大事务，监督村委会工作和村干部行为。民主监督主要体现在以下 3 个方面。①村民委员会由村民选举产生，受村民监督，本村 1/5 以上的村民联名，可以要求罢免村民委员会成员。②村民委员会向村民会议负责并报告工作，村民会议每年审议村民委员会的工作报告，并评议村民委员会成员的工作。经村民民主评议不称职的，可以按法定程序撤换和罢免。③村民委员会实行村务公开制度。村民委员会对于应当由村民会议讨论决定的事项及其实施情况，国家计划生育政策的落实方案，救灾救济款物的发放情况，水电费的收缴以及涉及本村村民利益、村民普遍关心的其他事项，及时公布。其中涉及财务的事项，至少每 6 个月公布一次，接受村民监督。村民委员会应当保证公布内容的真实性，并有义务接受村民的查询。

三、村民委员会

（一）村民委员会的性质与任务

村民委员会是农村村民实现自我管理、自我教育、自我服务的基层群众性自治组织，是农村基层群众实行民主选举、民主决策、民主管理、民主监督的组织形式。村民的自我管理就是农民群众自己管理自己和自己约束自己，自己管理本村的事务。自己协调和处理村民之间、邻里之间、村民与村民委员会之间的关系；每个村民对于本居住地区的行为规范，以及违反了村规民约如何处理等，在与法律法规不冲突的情况下，由村民自己来决

定。自我教育就是通过开展基层群众自治活动，使村民受到法治教育、道德教育和民主教育等各种教育。在这个过程中，教育者和被教育者是一个有机的统一体。自我服务就是村民自己有组织地为自身的生产、生活提供服务。自己根据需要决定兴办什么样的服务项目，服务所需的费用由村民群众自己筹集。当前的村民自治实践中，自我服务主要有两个方面的内容：一是社会服务，兴办公共事务和公益事业，如修桥铺路，兴办托儿所、养老院等；二是生产或生活服务，主要是为农业生产的产前产中或产后提供各种服务，如播种、灌溉、植保、收割、销售等。

公共事务是指与本居住地区村民生产和生活直接相关的事务，公益事业是指本居住地区的公共福利事业。村民委员会的任务之一就是在双方当事人自愿平等的基础上，依法调解和化解邻里之间、家庭内部之间、居民或村民之间发生的各类纠纷。协助维护社会治安主要是开展治安防范，开展法治宣传和教育，配合有关部门开展综合治理工作等。村民委员会是基层群众同基层人民政府进行联系的纽带和桥梁，一方面，要把收集到的群众意见和要求及时反映给政府；另一方面，要把政府的法规政策等及时讲解传达给村民。根据《村民委员会组织法》的规定，村民委员会的职责是：支持和组织村民依法发展各种形式的合作经济和其他经济，承担本村生产的服务和协调工作，促进农村生产建设和经济发展；管理本村属于村农民集体所有的土地和其他财产，引导村民合理利用自然资源，保护和改善生态环境；尊重并支持集体经济组织依法独立进行经济活动的自主权，维护以家庭承包经营为基础、统分结合的双层经营体制，保障集体经济组织和村民、承包经营户、联户或者合伙的合法财产权和其他合法权益；宣传宪法、法律、法规和国家的政策，教育和推动村民履行法律规定的义务、爱护公共财产，维护村民的合法权益，发展文化教育，普及科技知识，促进男女平等，做好计划生育工作，促进村与村之间的团结、互助，开展多种形式的社会主义精神文明建设活动；支持服务性、公益性、互助性社会组织依法开展活动，推动农村社区建设。多民族村民居住的村，村民委员会应当教育和引导各民族村民增进团结、互相尊重、互相帮助。

（二）村民委员会与基层人民政府的关系

村民委员会是基层群众性自治组织，这就决定了它与基层人民政府的关系不是上下级的关系，只能是指导与被指导、协助与被协助的关系，也就不是领导与被领导的关系。如果不能摆正村民委员会与基层人民政府的关系，若是将其确定为领导与被领导的关系，那么村民委员会就会成为实际上的"一级政府"，这就必然使基层政府把大量的行政工作压给村民委员会，或者政府直接代替基层群众自治组织的行为，这都会影响基层群众自治。《村民委员会组织法》对上述关系作了具体规定，要求乡、民族乡、镇的人民政府对村民委员会的工作给予指导、支持和帮助，但是不得干预依法属于村民自治范围内的事项。村民委员会协助乡、民族乡、镇的人民政府开展工作。

第三节　村民自治存在的问题及实现途径

一、村民自治中存在的问题

改革开放以来，在基层治理的探索上，我国建立了党领导下的村民自治制度，有效地实现了村民的自我管理、自我教育和自我服务，奠定了乡村治理的组织基础。但是，随着形势的发展，村民自治面临着一些突出矛盾和问题，主要表现在以下几个方面。

（一）农村基层组织体系有待健全

当前农村生产力和生产关系发生了巨大的历史性变化，新型

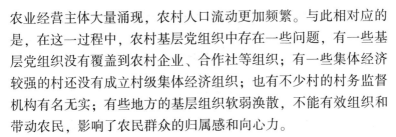

农业经营主体大量涌现，农村人口流动更加频繁。与此相对应的是，在这一过程中，农村基层党组织中存在一些问题，有一些基层党组织没有覆盖到农村企业、合作社等组织；有一些集体经济较强的村还没有成立村级集体经济组织；也有不少村的村务监督机构有名无实；有些地方的基层组织软弱涣散，不能有效组织和带动农民，影响了农民群众的归属感和向心力。

（二）村"两委"关系不协调

在村级组织关系上，一些农村的党支部和村委会的关系不顺，或者党支部包揽一切，代替了村委会履职，或者是村委会以村民自治为由，拒绝党支部的领导，一些村委会不依法行使职权，擅自决定应该由村民会议或村民代表会议决定的事项。《村民委员会组织法》有明确的规定，涉及农民利益的重大事项，依据法律的规定，要通过村民会议或者村民代表会议进行决定，有的村不遵照执行，变执行者为决策者，再加上村务监督机构监督不到位，一部分地区还导致集体资产的流失，存在小官巨贪等一些现象，而且现行的法律对村委会的职责和农村经济组织的职责，界定的不是很清楚，在一些地方也产生了政经不分的问题，导致集体成员与外来的村民，围绕着土地、分红等一些敏感问题产生许多矛盾，这种现象在一些城中村，城郊村还有沿海经济发达地区，表现得尤为突出。在村委会与乡镇的关系上，一些乡镇政府随意对村委会发号施令，将指导与被指导的关系变成领导与被领导的关系，村委会忙于为政府跑腿，无暇谋划村里的事业。也有的村委会干部以村民自治为由，不接受乡镇的指导和正常的监督，甚至不协助、不配合乡镇的工作。

（三）村民民主意识不强

村民参与政治生活的主动性不强，不能有意识地正确使用国家赋予的选举权，习惯于上级领导的安排，在参与村民自治的过程中，缺乏自主意识，被动地参与政治活动，他们认为，政治活动与自己没有太大关系，导致民主没有完全实施。

（四）贿选现象生根发芽

个别地方的农村在选举上，存在着拉票贿选的现象，有的地方甚至受到了宗族、宗派、黑恶势力的影响，一些村委会不能有效地为村民提供服务，缺乏凝聚力和号召力；在村干部的素质上，现在不少村干部年龄老化、思想僵化、能力弱化，难以带领农民发展经济，建设自己的家园，当然，也还有少数村干部贪污受贿，严重损害了集体和农民的权益。

以上这些问题的存在，在很大程度上影响了村民自治制度的实效，需要着力研究解决。

二、村民自治的实现途径

基层群众的自治制度，是我国一项基本的政治制度，人民群众是基层社会治理的力量源泉，总的思路就是要尊重农民群众的主体地位，相信群众、依靠群众、为了群众，最大限度地调动农民群众参与社会治理的积极性、主动性和创造性。充分发挥村民自治组织的自我组织、自我管理、自我服务的优势，大力培育和引导农村各类社会组织的发展，建立以农民自治组织为主体，社会各个方面广泛参与的社会治理体系，真正实现民事民议、民事民办、民事民管。

（一）加强乡村基层党组织建设

健全以党组织为核心的组织体系，突出农村基层党组织的领导核心地位。坚持乡镇党委和村党组织全面领导乡镇、村的各项组织和各项工作，大力推进村党组织书记通过法定程序担任村民委员会主任和集体经济组织、农民合作组织负责人，推行村"两委"班子成员交叉任职。提倡由非村民委员会成员的村党组织班子成员或党员担任村务监督委员会主任。村民委员会成员、村民代表中党员应当占一定比例。切实加大党组织组建力度，重点做好在农民合作社、农业企业、家庭农场中党组织的建设工作，确保全面覆盖，有效覆盖。加强对农村各种组织的统一领导，建立以党组织为核心、村民自治和村务监督组织为基础、集体经济组织和农民合作组织为纽带，各种经济社会服务组织为补充的农村组织体系。加强农村基层党组织带头人队伍建设，实施村党组织带头人整体优化提升行动，加大从本村致富能手、外出务工经商人员、本乡本土大学毕业生、复原退伍军人中培养选拔力度，选优配强村党支部书记。加强农村党员队伍建设，加强农村党员教育、管理、监督，推进"两学一做"学习教育常态化、制度化，教育引导广大党员自觉用习近平新时代中国特色社会主义思想武装头脑。严格党的组织生活，全面落实"三会一课"、主题党日、谈心谈话、民主评议党员、党员联系农户等制度。

（二）完善自治组织体系

《宪法》规定："村民委员会是基层群众性自治组织。"要支持各类社会组织参与与乡村治理，起到民主管理和民主监督的作用。加强农村群众性自治组织建设，大力发展规范的社会组织、经济组织和其他民间机构等乡村公共服务组织，使之有序地参加到乡村治理之中。要充分发挥村委会及其他村级组织的职能作用，明确村级各个组织的职责任务，切实理顺工作关系，团结协调、各司其职，建立健全一整套以农村基层党组织为核心，村民会议、村民委员会、村务监督委员会、村民小组为主体的自治组织体系，不断推进村民自治工作的制度化、规范化、法治化。

（三）丰富村民自治形式

要充分发挥村级基层组织和村民的主体作用，创新村民议事形式，完善议事决策主体和程序，落实群众知情权和决策权，发挥村民监督的作用，让农民自己说事议事主事，做到村里的事，村民商量着办。要全面推行如民情恳谈会、事务协调会、工作听证会、成效评议等好的自治制度。由基层政府搭建一些平台，引导村民主动去关心支持本村的发展，有序地参与到本村的建设和管理中来，增强村民的主人翁意识，提高农民主动参与村庄公共事务的积极性，增强基层群众性自治组织的凝聚力和战斗力。同时广泛动员乡村贤达人士，组建"乡贤能人参事会"参与自治管理，充分发挥乡贤、能人的优势，为乡村自治管理注入新的力量。

（四）健全村民自治制度

村民自治的基本原则是自我管理、自我教育、自我服务，因此，要建立健全以法律法规、政策制度、自治章程为主要内容的自治制度体系，依法保证村民自治制度的依法有序推进。健全村级议事协商制度，形成民事民议、民事民办、民事民管的多层次基层协商格局。推进"四民主、三公开"的制度建设，也就是以推进民主选举、民主决策、民主管理、民主监督和党务公开、村务公开、财务公开为主要内容的制度建设内容。实施党务、村务、财务"三公开"制度，实现公开经常化、制度化和规范化，通过透明化接受村民监督，这些是鼓励村民参与自治的重要保证。

第九章　提升乡村法治

第一节　乡村法治在乡村治理中的重要作用

一、法治是治国理政的基本方式

所谓"法治"，就是依法治理，它是一种以法律的强制力规范社会成员行为的社会治理方式。规则意识、法治精神是构建现代社会秩序的内在要求。习近平总书记曾强调指出："依法治理是最可靠、最稳定的治理"。政党执政兴国，离不开法治支撑；社会繁荣发展，离不开法治护航；百姓安居乐业，离不开法治保障。法令行则国治，法令弛则国乱。党的十八届三中全会提出在国家治理现代化的基础上，建设法治中国的历史任务。党的十八届四中全会提出了建设中国特色的社会主义法治体系的新目标，描绘了全面依法治国的蓝图。党的十九大报告明确全面推进依法治国总目标是建设中国特色社会主义法治体系，建设社会主义法治国家，为中国法治的建设和发展明确了方向。依法治国是国家治理现代化的基本要求，是国家治理体系和治理能力的重要依托。国家治理现代化涉及政治、经济、社会等各方面，而其中的任何领域和任何层面都离不开法治的保障。要推进国家治理体系和治理能力现代化，实现经济发展、政治清明、文化昌盛、社会和谐、生态良好，必须秉持法律这个准绳，善于运用法治思维和法治方式进行治理，强化法治建设，弘扬法治精神。

二、法治是乡村治理的重要保障

法治是乡村治理体系的重要组成部分，是自治和德治的基础保障。乡村治理中的自治是法治基础上的自治，自治依靠法治为自己健康运行提供基本规范和重要保障。乡村治理中的德治同样离不开法律约束的德治，法治在有赖于道德滋养和道德支持的同时也为德治提供保障。党的十八届四中全会通过的《中共中央关于全面推进依法治国若干重大问题的决定》中明确提出"推进基层治理法治化"的要求，并指出全面推进依法治国，基础在基层，工作重点在基层。农村作为基层最基础的社会单元，其法治建设水平的高低直接影响着国家治理体系和治理能力现代化的进程及国家整体法治化进程。乡村治理法治化是农村可持续发展的制度保障，是解决农村各种矛盾和问题的重要依托。乡村地区法治薄弱的短板补齐关系到法治社会、法治国家的实现。

三、法治是维护乡村社会秩序的重要手段

新形势下乡村社会矛盾的化解、乡村社会秩序的维护都呼唤法治这一有效手段的补充。虽然我国已健全了法律体系，乡村社会的主要关系和基本问题也纳入法律范围内予以规范，但文化惯习、权力、人情、关系等因素依然是乡村社会关系调节的重要影响因素，乡村法治建设仍落后于乡村经济社会发展进程。新的历史条件下，礼治式微中的乡村内部治理结构已不能有效维持全部秩序、不足以完全应对日益突显的乡村新现象、新问题，需要以法治规约乡村社会矛盾纠纷、利益诉求多元、社会安全稳定。做好新形势下的乡村社会治理，必须坚持法治为本，树立依法治理理念，强化法律在维护农民权益、规范市场运行、生态环境治

理、化解农村社会矛盾等方面的权威地位，以法治方式统筹力量、平衡利益、调节关系、规范行为，从而以法治规约礼治衰退下的乡村利益多元，增强新形势下民众的法治精神和秩序意识。

四、法治是化解乡村社会矛盾问题的重要方式

随着乡村社会结构深刻变迁，乡村社会问题层出不穷，道德滑坡、人情冷漠、社会治安、自私自利、失信失约、低俗价值、是非观念颠覆等乱象不断涌现，这不仅是道义沦落下的礼俗约束无力和思想文化建设不足，更是法治缺失下的规则不约、秩序不制。因此，礼治衰退下的法治补位符合乡村现实需要。同时，夹裹于市场经济、城乡融合发展下的乡村社会问题需要法治化裁决。市场经济是法治经济，只有践行契约、实现法治，才能维护公平竞争和市场有序，调适人际关系和多重社会利益。城乡融合发展进程中日益显现的市场诚信、生产安全、土地资源问题、环境问题等，已超出了非正式制度的约束范围，必须借助拥有强力后盾的法律、政策等制度保障来推进社会问题的解决和社会秩序的良性运行，从而规范社会行为、社会生活，助力乡村治理和国家治理。

五、全面推进乡村振兴的重要保障

《中共中央 国务院关于实施乡村振兴战略的意见》中指出，乡村振兴，治理有效是基础，要建立健全法治保障的现代乡村社会治理体制。2020 年底我国如期完成了脱贫攻坚任务，现行标准下农村贫困人口已全部脱贫，从 2021 年起"三农"工作重心由脱贫攻坚迈向全面推进乡村振兴。实现乡村振兴需要法治的约束。随着农村经济社会的快速发展，农村地区呈现出主体诉求多元化、利益关系复杂化、治理问题显性化等特点，要用法治

方式来有效化解矛盾。实现乡村治理的法治化，是全面推进乡村振兴的重要保障，能够有效巩固现有脱贫攻坚成果、满足农民群众美好生活需要。在新发展阶段不断加快推进法治乡村建设，有利于维护乡村地区政治、经济、文化、社会、生态全方位的健康稳定发展，实现全面推进乡村振兴工作的行稳致远。

第二节　乡村法治建设现状及途径

一、乡村法治建设现状

法治既是国家治理体系和治理能力的重要依托，也是乡村治理的制度保障，法治所具有的公开性、明确性、平等性、强制性等特征，决定了它在乡村治理方面，具有其他方式不可比拟的优势。

当前，从经济社会发展规律和强化"三农"工作的客观要求看，我国农业农村已经进入了依法治理的新阶段，法治在发展现代农业、维护农村和谐稳定和保护农民权益方面的作用更加重要，也更加突出。但是，与健全乡村治理体系的客观要求相比，法治的作用尚未充分发挥。

（一）农村相关立法不完善

尽管农业农村工作总体上实现了有法可依，现在有 40 多部法律法规，还有一大批部门规章，实现了农业农村工作的有法可依。但是在个别领域，特别是一些新兴的领域，还存在着立法的空白，一些法律法规不适应形势发展，也亟待去修订，2019 年以来，中共中央出台了大量强农惠农的政策和全面深化农村改革的一些措施，也需要通过立法来巩固和完善。

（二）执法不严、司法不公问题依然存在

从法律的执行来看，受到执法力量、执法经费、执法装备，还有执法人员的政治素质、业务水平等主观和客观因素的制约，严格立法、选择性执法、普遍违法的问题，仍没有得到根本的解决。在一些地方，有时也发现违法的不一定受到惩处，守法的不一定得利，这些现象都损害了人民群众对于法制的信赖。当然，也有少数的执法和司法人员，徇私舞弊，贪赃枉法，不但没有解决矛盾，反而引起了更多的纠纷，败坏了党和国家机关的形象。

（三）乡村干部和群众法治意识淡薄

一些基层干部受到传统观念的影响，没有认识到法治重在规范约束公权力，而是错误地理解为是用法来治理老百姓，来惩罚不听话的农民，相应地也出现了一些现象，如不尊重农民的权利，乱作为，冷漠地对待农民群众的合法诉求，这些乱作为、不作为的问题，在一些地方是客观存在的。还有一些农民群众信访不信法、信闹不信法，遇到问题不寻求合法的途径解决，诉求合理合法与否，都要求政府必须满足，这些要求严重影响了矛盾纠纷的依法有效化解。

面对上述问题，必须强化农村的法治建设，通过强化法治建设来为乡村治理提供坚强有力的制度保障。

二、强化乡村法治建设的途径

法治是治国理政的基本方式，基层是依法治国的根基，法治社会最终的落脚也在基层，要善于运用法治的思维和方式来谋划思路，推进乡村治理。把依法治国的各项要求，落实到基层组织，让法治成为人民群众管用的法治，必须强化农村法治建设。

（一）完善涉农法律法规体系

1. 健全并细化涉农法律法规体系

做好涉农法律法规的立法工作，确保在处理各类乡村事务时有法可依，这是推进法治乡村建设的首要前提。首先，在推进法治乡村建设进程中，相关立法部门要拓宽涉农法律的覆盖范围。例如，针对农村宅基地处置困境，要根据"三权"分置原则出台相关法律规定。其次，要在立法的可行性和精细化上下足功夫。应进一步细化和完善山林权属、婚姻家庭、宅基地流转等与村民生产生活息息相关的法律法规，提升法律法规的适用性，用法治化手段保障农村农业发展。最后，应做好立法事后评估工作，实现涉农立法的民主性与科学性。具体来说，要加强对法律法规适用性的监督，发现法律法规中存在的短板和盲点，开展立法评估工作，对法律法规不断进行修改完善，确保以高质量立法来持续推进法治乡村建设。

2. 不断规范涉农行政执法体系

不断规范乡村行政执法行为，确保法治乡村建设的各项举措有序推进，使立法的权威性转化为现实，是推进法治乡村建设的重要抓手。首先，必须要做好基层党建工作，紧抓行政执法人员的思想作风，为法治乡村建设提供正确规范的思想指引，将党的领导与乡村行政执法工作紧密结合，引导村民认同和信仰法律，促进乡村行政执法工作取得切实成效。其次，要完善执法培训、考核、监督机制，高度重视对执法人员法律知识、法律思维、法律素养等综合素质的培训，提升行政执法人员的执法素养和能力，着力打造分工明确、权责统一的行政执法体系。最后，应引入第三方评估机制，使法治乡村建设以"看得见"的方式得到有效落实。第三方评估具有科学系统的评估指标，借助科学有效的评估方式，能确保客观、准确、全面地评价法治乡村建设的整体推进状况。同时，还可以将第三方评估结果直接作为检验法治乡村建设成效的重要参考依据，以及时发现基层行政执法中的遗漏和不足之处，并及时改正。

3. 持续完善乡村司法保障体系

持续完善司法保障体系，确保法治乡村建设各项举措落实到位，是实现我国乡村地区公平正义的最后一道强防线。首先，要构建更加完备、协调的司法管理体制机制，不仅要加强对基层司法人员涉农专业法律知识和职业素养的培训，而且要严格落实错案追究责任制，加大对涉农案件的法律监督力度，着力提高司法工作人员的工作水准。其次，要加快建设和完善农村法治基础设施，制定为民便民的法律服务措施，加强人民法庭、司法所、派出所、派出监察室及行政执法机构在广大农村地区的设置，借助智能化、现代化的工具手段来提高办理涉农案件的效率，降低诉讼成本，畅通村民表达合理利益诉求和权利救济的司法渠道。最后，引入更多优秀的基层司法工作人员，通过提高基层司法服务人员的薪资待遇和其他各种福利等方式吸引优秀人才进驻乡村，为村民提供优质的司法服务，更好地引导村民运用司法方式解决矛盾争端，让村民在每一次司法服务中都能感受到公平正义。

(二) 创新普法宣传教育方式

1. 加大乡村普法宣传力度

首先，应充分利用互联网、远程教育等各种数字化工具，综合采用演讲互动、普法情景剧、以案释法等方式，将晦涩难懂的法律知识形象化、直观化，提高法治宣传的吸引力，逐步消除村民长期基于老旧观念游离于法治之外的违法行为，让法律意识在广大村民群众中深耕厚植。其次，规范普法宣传内容，面向农村生活的实际需求，立足问题导向，主动回应社会实际关切，多方面满足农村地区民众的生产生活需求，在逐步解决一个个问题中落实法治乡村建设的相关举措。最后，建设各类型的法治宣传阵地，如搭建法治宣传板，建设乡村法治文化长廊、法治文化广场等，让村民能随时随地学习法律知识。

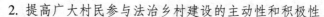

2. 提高广大村民参与法治乡村建设的主动性和积极性

一方面，可以通过尝试建立"村民参事会"等机构，引导和发动基层村民群众积极参与法治乡村建设，增进政府与村民之间的沟通交流，以公开公正的方式主动聆听群众的想法和建议，并积极吸纳和公示有利于推进乡村建设的部分。另一方面，通过建立"村民监督团""网络议事团"等大众监督平台，在乡村地区营造一个人人敢监督、能监督的法治氛围，畅通村民参与监督的有效渠道。

（三）拓宽公共法律服务面

1. 均衡公共法律服务资源分布

政府部门应加快制定各类优惠政策和措施，整合利用好社会上各类法律服务工作者群体，加强法律服务志愿者、律师事务所、法律服务机构等在乡村地区的供给。同时，通过政府拨款购买服务的形式，让法律服务源源不断地进驻乡村，零距离服务群众。

2. 细化公共法律服务制度章程

首先，加快完善"一村一法律顾问"机制，使法律顾问工作更加高效、优质，并且为法律顾问工作提供完善的组织管理制度，使法律顾问工作的义务和权限更加明晰。其次，应健全法律顾问服务评价机制，优化考核监督标准。最后，还应扩大法律顾问来源渠道，吸纳各方面专家学者进行专门培养，使村民获得更加精准普惠的法律服务，打通公共法律服务"最后一公里"。

3. 拓宽乡村公共法律服务领域

近年来，随着不断发展壮大的城乡融合体系，乡村地区的利益结构更加复杂，出现的矛盾纠纷更加多样，已有的乡村公共法律服务无法满足定分止争的需要。随着乡村经济的不断发展，农村征地拆迁纠纷、婚姻家庭矛盾、宅基地纠纷等案件数量不断上升，引发了对乡村公共法律服务的需求不断增长。因此，必须在进行深入调研的基础上，聚焦广大村民实际所需的各类法律服务需求，拓展多领域的公共法律服务。

（四）加强平安乡村建设

平安乡村建设是实施乡村振兴战略的重要保障。农村公共安全涉及内容较为广泛，主要包括农村公共卫生、安全生产、防灾减灾救灾、应急救援、应急广播、食品、药品、交通、消防等，每项内容都与农民群众的人身和财产安全密切相关。建设平安乡村，进而实现乡村之治，为乡村振兴打下坚实基础，是党和政府面临的一项重大任务。

一是要加强农村安全隐患的源头治理防控，建立完善党委和政府主导、基层群众参与、社会协同的协调机制，互通信息、共享资源、形成合力，加强对农村公共安全的源头治理。

二是要建立预警和防范管理机制，建立健全农村公共安全分级预警制度，对重点对象、重点问题、重点区域进行全面、彻底、细致排查，全面掌握信息，形成科学预警。

三是要加强对重点区域的监管，对农村集贸市场、交通站点等区域经常开展明察暗访，定期开展专项整治，推动网格化、精细化管理。

四是要加强农村社会治安防控体系建设，落实平安建设领导责任制。优化总体规划，充分发挥大数据、云计算、人工智能等信息技术在社会治安防控中的作用，增强农村地区基础信息采集，完善治安防控信息平台建设。

五是要加强对农村矫正对象、刑满释放人员等特殊人群的服务管理。在农民群众中加强拒毒防毒宣传教育，筑牢拒毒防毒的群众防线，依靠和联合群众力量依法打击整治毒品违法犯罪活动。完善经费保障、技术保障、队伍建设、基层基础建设，建立健全农村地区扫黑除恶常态化机制。

六是依法加大对农村非法宗教活动、邪教活动的打击力度。防止非法宗教活动、邪教活动侵入乡村治理中，加强基层党建工作，减少直至最终根除非法宗教活动、邪教活动的空间，制止利用宗教、邪教干预农村公共事务，大力整治农村乱建宗教活动场所、滥塑宗教造像。

七是要加强农村警务工作，大力推行"一村一辅警"，扎实开展智慧农村警务室建设，完善定期走访群众、摸排各类违法线索、化解矛盾纠纷、开展治安防范宣传、协助破获各类案件、协助交通安全管理等工作制度，充分发挥辅警职责。

（五）加强农村执法队伍建设和法律公共服务供给

加强党组织的领导作用，进一步深化行政执法改革，确保改革举措落地生效。要着力破解农业综合行政执法面临的突出问题，牢牢把握农业综合行政执法工作定位，推动改革攻坚、职责履行、机制创新和能力提升，在促进执法改革、提高执法效能、建设高素质执法队伍等方面扎实开展工作。农村地域广阔，执法资源有限，这就决定了必须要合理配置执法力量资源，整合基层有限的执法力量，推动行政执法权限和力量向基层延伸下沉。切实推动农业综合行政执法能力的提升，聚焦执法办案主责主业，努力扎实开展农业行政执法大练兵活动，通过执法实践提升执法队伍的执法水平。充分发挥互联网的信息优势，配置优秀师资，加大网络培训力度，推动各省组建执法指导小组，强化办案指导，打造一支专业化、职业化、现代化的农业执法队伍。严格实施行政执法人员持证上岗和资格管理制度，坚持从严管理，以"负面清单"形式划清行政执法行为的红线，做到严格、规范、公正、文明执法。

鼓励有条件的地方建立村级公共法律服务工作室，积极制定村级公共法律服务工作室建设规范标准，运用"互联网+"等信息化手段，创新工作方式，倡导一体化管理、一条龙服务。不断完善村级公共法律服务工作室的职责，为农民群众提供法律咨询、法律援助、公证服务、司法鉴定、安置帮教等法律服务。在提供公共法律服务的全过程中开展法治宣传，帮助农民群众依法调解村内的各类矛盾纠纷，稳步提升村民知法、学法、懂法、用法意识。实施乡村"法律明白人"培养工程，培育一批以村干部、人民调解员为重点的"法治带头人"。

第三节　乡村治理法治化的新路径

乡规民约是一种自下而上的内生性的行为规则，它生成于乡民社会，融入村民生活，成为村民的生活方式和生活习惯。这种介于国家法和道德规范之间的民间规约，成为乡村治理法治化的新路径，对促进村民规则意识的形成，维护乡村社会的安定和谐，促进善治乡村建设具有重要意义。

一、村规民约在乡村治理中发挥独特作用

村规民约在我国源远流长。《周礼》中就有关于乡里敬老、睦邻的约定性习俗。北宋时的《吕氏乡约》，包含有倡导乡民们践行"德业相劝、过失相规、礼俗相交、患难相恤"的内容。传统村规民约，大致可分为劝善性村规民约和惩戒性村规民约两种。在"皇权不下县"的传统中国，乡规民约是农村社会秩序得以维系的最基本的社会规范。它既是乡民们的行为准则，又是国家法律的重要补充，对调整人际关系、化解社会矛盾、稳定乡里秩序发挥了非常重要的作用。劝善性村规民约以教化人，在乡村实施道德教化，有助于形成醇厚民风。而那些惩戒性村规民约

以礼成俗，对违约乡民采取惩罚性措施，借以规劝和引导人们弃恶从善，同样能发挥醇厚民风的作用。

村规民约虽然也曾经充当过封建统治者统治乡村社会的工具，但其内在蕴含着优秀传统文化的基因，在中国古代乡村社会秩序维护中发挥了重要作用，其功能价值体现在以下几个方面。

一是道德教化功能。历代乡规民约立足于道德教化，以教化乡民、彰显道德为己任，倡民忠孝、教民修身为善、劝民友爱、促民相帮相助，通过对乡民的教化在乡村培育形成一种淳美的道德风尚。《吕氏乡约》中言："事亲能孝，事君能忠。夫妇以礼，兄弟以恩，朋友以信。能睦乡邻，能敬官长，能为姻亲。与人恭逊，持身清约，容止庄重，辞气安和。衣冠合度，饮食中节。凡此皆谓之德。"这里虽然包含有封建历史文化因素，但其以教化人的功能价值显而易见。

二是以礼成俗功能。"礼"是中国传统社会人们的行为规范，乡规民约作为乡间民众之礼，一方面引导村民人人懂得礼仪、礼节、礼让，在乡村形成人人温文尔雅、和谐相亲的相互关系；另一方面通过制定惩戒性规范，对酗搏斗讼、行不恭逊、言不忠信、营私太甚等违反基本道义的行为加以禁止，并给予相应惩罚，引导乡民弃恶向善，积习成俗，逐步淳美乡间风俗。

三是补充法律功能。传统乡村社会是依靠宗法伦理等文化力量整合，国家的介入程度较低。古代中国法律相对简约，面对复杂的乡村社会，具有普适性的国家法律难以制定面面俱到的行为规范，其空白和不足的地方，由乡规民约来发挥调节作用。当今社会的乡村治理同样也存在不少"真空地带"。例如，化解婆媳关系、解决邻里纠纷等问题都是法律法规难以有效解决的，往往需要村规民约等社会规范介入。实践证明，好的村规民约能够有效补充国家法律的不足。村规民约是国家法律的重要补充，它以一种最节约成本和更有实践效率的方式落实了基本的法律要求和道德要求，一定程度上促进了村民对国家法律规范的遵守，对法律的落实起到了补充作用。

二、传统村规民约在乡村治理中面临的困境

在加强乡村治理的大背景下，近年来各级地方政府普遍都制定了村规民约，较好地保障了村民自治制度的落实，推动了公序良俗的形成，提升了基层社会治理水平，促进了农村社会和谐稳定。然而，工作中也存在一些突出问题：对村规民约重要作用认识不足、制定的程序不规范、内容不全面、执行落实不力、指导监督不到位等，从而导致村规民约在乡村治理中的功能作用得不到应有的发挥。当今乡村社会环境深刻变化，村规民约赖以存在的土壤随之改变，传统礼俗约束与现代秩序观念难以有效契合，导致村规民约在乡村社会治理中面临诸多困境。主要表现在如下几个方面。

第一，乡村治理环境发生改变。乡规民约萌芽于乡村社会，它是村民就某一事项经相互商议协定供大家遵守的行为规范，约束的主体是村民自身。随着市场经济的发展，市场规则和利益关系成为人们处理社会关系的基础，传统通过礼俗进行社会控制、依靠教化建构社会秩序、运用劝服调适社会关系等，以血缘、地缘和面子为主要特征的内在规范日益解构。加之，在经济利益的驱使下，大量村民外出打工，人口流动打破了原有相对封闭和相互依赖的村庄环境，村庄舆论约束效力持续减弱，村民的遵从意愿降低，公共道德力量式微，使乡村社会面临紊乱无序的风险。一些村庄的"空心化"，也使村规民约的产生基础不断消解。

第二，国家行政权力侵蚀。现代村规民约在很多地方是国家公权力意志的反映，而不是村民意愿的反映。在效率的要求下，

一些地方的村规民约直接由乡镇政府统一格式颁布，再或由村干部闭门造车控制，虚化为一种形式上的文本，公共民主色彩消失。部分地方村干部利用命令式的行政手段强制颁布制定村规民约以完成任务，甚至引起了当地村民的强烈不满。

第三，村规民约自身的不足。一是时代性不强。一些村规民约未能与时俱进，难以适应时代和社会发展的变化，导致权威性和适用性降低。二是合法性欠缺。个别地方的村规民约内容包含封建迷信色彩、惩罚措施力度大、重义务轻权利，缺少平等、宽容和妥协性，甚至与相关法律法规原则相违背，合法性和正当性不足。三是务实性不够。一些地方的村规民约内容上千篇一律，多有雷同，通篇只罗列一些生硬、空洞的口号，或者是国家的政策法规，无法反映地方的实际和村民的意图，由于没有什么实质性的内容，也没有可操作性可言，加之制定过程较为死板，"模板"味道浓厚，从而导致难以深入人心，传播受到阻碍。四是执行效果有限。多数村规民约缺少约束条款和惩戒措施，执行过程中监督缺失，容易被乡村干部操控，成为维护私利的工具。这些都弱化了村规民约的效力，使其执行效果大打折扣。

三、更好发挥村规民约在乡村治理中的作用

乡村治理没有一成不变的模式和规则，村规民约只有与社会发展同步、与时代变迁吻合，才能调动村民的主动性和创造性，保证村民的参与权和监督权，最终成为自治、法治、德治有机结合的乡村治理工具。更好发挥村规民约在乡村治理中的作用，必须增强村规民约制定和实施的权威性、有效性，推动村规民约的现代性转换和创新性发展。

一是规范制定主体。制定和修改村规民约，是《村民委员会组织法》授权只由村民全体会议或者村民代表会议才能实施的权

利。因此，在制定村规民约的过程中，要严格遵循直接民主的要求，让村民自主参与、自己决策、自己选择，坚决杜绝包办和代替，从而真正把群众的意愿和诉求反映出来。乡镇政府可以负责但不能干预，将村庄治理的主动权还给村民。此外，由于乡村社会流动性增加，村规民约制定主体和约束对象不仅包括本地村民，还需要根据变化把外来流动人口纳入进来，这样才能增加约束力。通过村民直接参与、民主协商、严格执行，实现民事民议、民事民办和民事民管。

二是明确规约内容。村规民约包含社会公德、家庭美德、文化教育、治安管理、民风民俗等多方面内容，是村民自我约束规范的总和。由于村民文化水平有限，组织化程度较低，必须加强引导，明晰村规民约的功能定位、适用对象和文本内容。要建立统一规范的村规民约审查体系，提高村规民约的制定水平，引导村规民约与国家方针政策和法律法规相符合，使之能正确调适村民之间、村民与集体之间的关系，不得与宪法法律和国家的方针政策相抵触，不得有侵犯村民人身权利和财产权利的内容。同时，各地应根据本村特点，彰显本地特色，精简规约内容，确保责权利统一。

三是规范制定程序。程序正义是村规民约合法性的重要来源，必须建立一套规范性的操作机制，做到主体、程序和内容的全面规范。制定程序要符合《村民委员会组织法》，积极引导村民参与，确保全体村民集体协商讨论、集体投票表决、集体签名确认，使制定、修订的过程成为党员干部群众学法遵法守法用法的过程，增强村民的契约意识和法治水平。县乡党委政府要对村规民约的制定进行指导，对制定程序进行监督和备案审查，确保村规民约的合法性。

四是加大宣传力度。把村规民约作为改善乡村治理的重要抓手，组织开展村规民约的评选和宣传活动，如哪个乡哪个村制定的村规民约最有个性、最好记忆、最好实践、最有历史文化内涵，可以在全县开展评比。评比过程本身就是让村规民约深入人心的过程。对选出的优秀获奖村规民约，可以在县级广播电视台持续宣传，也可以在县城、乡镇制作宣传牌持续宣传，让体现优秀传统文化和时代特色的乡规民约家喻户晓，让所有村民内心认同村规民约，构建起村规民约共同遵守的强大舆论约束力。

五是加强监督实施。创新村规民约的执行方式，提高村规民约的违约成本，真正树立村规民约的权威性，促使村民自觉内化于心、外化于行。可以充分发挥村庄社会组织的监督作用，如村民议事会、乡贤理事会等，依靠民间力量和权威，保障村规民约制定过程中的广泛参与、民主协商和充分沟通。各级民政部门要加大对村规民约的实施监管力度，细化监督执行机制，做到主体明确、方法适当，有法可依、有规可循，提升村规民约的权威性和可操作性。

第十章 塑造乡村德治

第一节 乡村德治在乡村治理中的重要作用

乡村是人情社会、熟人社会，而人情与道德、习俗等相连，善加利用引导便可形成与法治相辅相成的德治。德治是健全乡村社会治理体系的重要支撑，在乡村治理中具有重要作用。

一、有利于通过道德的规范和教化作用提高村民自治的水平

基层群众自治制度是我国一项基本政治制度。村民自治是村民依法自我管理和服务。村民通过村民选举，将能够为村民办真事和实事的人选入村委会。而这些人一般都要求具有较高的声望和较强的办事能力。德治能够提高人的道德水平，实行德治，村民也能更理智地选择能为自己发声的人。通过德治，要选出具有较高的道德水平的、有能力的人带领整个乡村发展。同时通过德治规范、教化广大村民，提高广大村民的有效参与度，全面积极参与村级的民主选举、民主决策、民主管理以及民主监督。通过道德的规范作用，使村民自治在高素质水平下进行，村民自治能最大程度地促进乡村发展。村委会在推行国家政策问题，然而由于村民的不理解，或者对于村委会的不信任，导致村委会的很多工作难以进行，影响了自治的水平。德治，作为一种非权威的软治理，可以弥补村民自治的不足，更容易被人们理解与接受。如

村民习惯在房屋前后，圈养一些家禽，种植一些蔬菜，堆积一些杂物。在村容治理时，这些都是需要清理的，很多村民都不理解，村委会带着村中有威望的人，对不理解政策的村民进行讲解，这样就提高了工作进度。在传统社会中，德高望重、才能出众的人在协调人际关系、调节邻里纠纷，化解政府与民间矛盾、维护社会秩序和谐稳定的发展中发挥着极为重要的作用。乡村中很多问题以及矛盾如果能够合理运用这种力量来解决，会避免很多不必要的麻烦。

二、有利于德治在一定程度上弥补法治的不足

我国是社会主义法治国家，在乡村治理中，法治是正式制度，但是我国乡村熟人社会蕴含的道德规范则是非正式制度。正式制度是国家有意识、有目的地建立起来的一套规范性文件，对人们的行为和活动起着强制约束的作用，如各种成文的法律、法规、政策、规章等。反之，非正式制度是指人们在长期的社会生活中逐步形成的习惯习俗、伦理道德、文化传统、价值观念等对人们行为产生非正式规范和约束的作用。在乡村治理的过程中，乡村法治和乡村德治就是相应的正式制度和非正式制度，并发挥着重要作用。二者相互促进，缺一不可。在乡村，村民的法律意识淡薄，矛盾纠纷求人不求法等现象，一方面是法律的不普及，村民的不懂法；另一方面则是中国乡村传统家族制生活的影响。这些原因导致人们不以法律为准绳，而依据村规民约和公认的道德规范解决问题。这种千百年来形成的社会规则，人们更容易认可和接受。

而乡村的法治治理也有不少问题，领导干部的法律意识淡薄，不能依法办理，使人们对法治失去部分信心。乡村的法治还存在没有根据乡村的实际情况，一概而论的问题，要结合乡村村

民整体素质不高的现实，灵活地运用德治和法治。在乡村治理的过程中，一方面要加强乡村法治建设，建设法治乡村，坚持法治为本，提高乡村整体的法律意识，为村民建立相关法律服务；另一方面运用德治弥补乡村法治不足，加强道德建设，提高村干部和村民的思想道德水平，使人们能够坚守好道德底线。

三、有利于促进自治法治德治有机结合

推进乡村德治，进一步提高德治水平，有利于促进自治、法治、德治的有机统一。建立"三治结合"的现代乡村治理体系，以法治"定纷止争"、以德治"春风化雨"、以自治"消化矛盾"，以党的领导统揽全局，促进自治为基、法治为本、德治为先"三治"结合的治理格局。随着乡村建设的不断深入，乡村自治逐步成熟，乡村法治体系也日趋完善，乡村德治也必须要发挥其在乡村自治和乡村法治中应有的作用。乡村德治的推进，有利于提高乡村自治的水平，可以弥补乡村法治的不足，乡村自治是乡村德治和乡村法治的基础，乡村法治又保障着乡村自治和乡村德治的有序开展。无论是乡村法治还是乡村自治，均需要通过乡村德治来引领，才能有效地解决在乡村治理过程中法律法规的手段太硬、太无情，说服教育太软弱等长期存在的难题。只有"三治"之间相互促进，相互发展，形成合力，才能不断健全乡村治理体系。

第二节　乡村德治面临的挑战及实现途径

一、当前乡村德治面临的挑战

德治本应是乡村治理中的优势，在中国经济社会转型的今

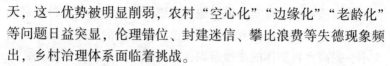

天，这一优势被明显削弱，农村"空心化""边缘化""老龄化"等问题日益突显，伦理错位、封建迷信、攀比浪费等失德现象频出，乡村治理体系面临着挑战。

（一）乡村传统道德失范

我国历史上十分注重德治在国家治理中的作用，国外也很注重利用道德规范来塑造国民共同的价值观念，使社会治理达到事半功倍的效果。改革开放以来，伴随着经济社会建设的巨大成就，农民群众的总体道德水平有了很大提升，但是在某些领域、某些地方，也存在着因道德建设相对滞后而带来的乡村道德失范的问题。如家庭内部的道德失范问题，在家庭内部，有的农民不敬不孝，自己过着富裕的生活，而不赡养父母，有的为了争夺遗产，兄弟之间同室操戈；再如邻里之间的道德失范问题，邻里之间不是守望相助，而是因为一点纠纷大打出手；再如社会领域的道德失范问题，在社会领域，一些农村的社会风气不正，黄赌毒、封建迷信、大操大办、奢侈攀比之风有所抬头，一些见义勇为、助人为乐、诚实守信的人被认为是傻子，一些见利忘义、碰瓷敲诈、赖账不还的反被尊为能人，个别地方甚至出现群体性的违法犯罪现象。这些问题的出现，首先是因为个体的道德观、价值观出现了扭曲，要更好地使德治在乡村治理中起作用，就要提高乡民的道德素养。

（二）乡村德治主体的空化

德治建设跟不上农村形势变化。市场经济时代，互联网、自媒体的兴起，不仅使农村生产、农民生活发生了很大变化，也影响了德治作用的有效发挥。随着城镇化进程推进，大量乡村青年劳动力涌入城市，数千年形成的乡村文化根基逐渐改变。农田和村庄流转变迁，传统村落数量急剧减少，形成了大量"空心村"，留下了大量的"留守儿童"和"留守老人"并衍生出一系列的社会问题，新一代农村居民大量转入城市，农村各类人才不断外流，导致乡村德治建设的根基和载体摇摇欲坠。乡村德治载体的减少，乡村文化生态的急剧改变，使乡村德治的推进面临困境。

(三) 乡村德治约束力减弱

相比于法治，德治的本质是以道德规范、村规民约来实现对村民行为的约束，在实施手段和效力上很难与法治相比较。例如，农村一些家长教育孩子的手段过于简单粗暴，但是情节又不是很严重，难以上升到法律层面，只能借助德治来进行约束，但由于德治缺乏强制性手段，因而难以直接制止。同时，对于一些奢靡攀比现象，德治只能起到引导作用，而风气的改变又是一个漫长反复的过程，若没有强制的约束机制以及科学的激励机制，很难有效改善不良风气。因此，对于很多农村问题，德治的约束力较弱，不能有效发挥作用。

因此，必须在深化自治、强化法治的同时实行德治，将抽象的道德原则转化为农民群众可理解、可操作、可评判的行为规范，以道德充实和滋养农民群众的心灵，以道德指导和规范农民群众的行为，最大限度减少矛盾纠纷的产生，最大限度增加乡村社会的和谐因素。

二、乡村德治实现的途径

推进乡村德治建设，必须加强乡村文化建设，在用社会主义核心价值观引领德治建设、挖掘利用优秀传统文化、重视村民主体地位、重视乡规民约建设等方面下功夫，适应新时代发展的要求，实现传统道德价值的现代性转化，才能实现乡村治理的善治。

(一) 用社会主义核心价值观引领德治建设

当前我国乡村文化生态变得更加复杂，乡村居民思想价值观受到传统文化、现代城市文明等多种价值观的混合影响，使乡村居民的文化价值选择变得多元化。文化可以是多元的，但主流文化只能有一个，以社会主义核心价值观为核心的社会主义先进文化，才是我国的主流文化。从思想起源说，社会主义核心价值观是对中国优秀传统文化的继承，与我国传统的乡土文化具有内在的契合性。因此，在推进乡村德治建设中，必须适应新时代发展的新要求，广泛开展社会主义核心价值观宣传教育活动，用社会主义核心价值观引领乡村德治建设。首先，要正本清源，优化乡村文化生态，使乡村居民成为社会主义核心价值观的坚定信仰者，对村民进行思想文化教育，增强村民对乡村优秀文化的认同感、归属感和责任感，培育新时代村民"富强、民主、文明、和谐"的价值观，同时要提高村民对封建落后文化以及西方腐朽思想的辨别力。其次，要凝聚村民的共识，使乡村居民成为社会主义核心价值观的积极传播者，将新时代乡村核心价值观内化于心、外化于行。

积极培育乡村良好社会风气，打造文明乡村。德治建设是上层建筑的一部分，在社会经济关系中产生，同时也受到经济基础的制约和影响。因此，在推进德治建设进程中，要满足广大农民在物质上逐渐富裕起来之后对更美好的精神文化生活的向往。

（二）挖掘利用农村优秀传统文化

在中国几千年的发展中，中华优秀传统文化发挥着深远的影响。新时代乡村德治建设要大力传承和发扬优秀传统文化，深入挖掘中华民族传统文化的人文关怀，在对乡村优秀传统文化继承的基础上进行创新，使广大乡村居民能欣然接受中国优秀传统文化，推动崇德尚法、诚实守信、乐于助人等良好乡村文化风俗的建设。从家庭角度讲，要继承和弘扬优秀的"孝文化"，尊敬长者，发扬家庭美德，并赋予时代精神，树立男女平等思想，尊重个人在家庭中的人格尊严和权利。从社会角度讲，重视人际间的团结友善，重塑传统助人为乐的思想。同时要严公德，守私德。让乡村居民成为优秀传统文化的模范践行者，要对村民进行民族精神教育、集体主义教育、社会公德教育、职业道德教育、家庭美德教育，形成相亲相爱、和睦友好的良好氛围。

以坚定的文化自信促进乡村德治建设，特别要树立好、宣传好乡村榜样来激发乡村居民规范自身道德。乡村德治建设要深入挖掘和利用我国优秀传统文化，同时，应注意解决传统道德理念与现代道德理念的矛盾与冲突，要结合时代发展的要求进行创新性发展，让广大民众沐浴在优秀的乡风文明中，形成良好的社会风尚。如在广大乡村开展道德大课堂、寻找身边"最美的人""道德模范""家乡好儿媳好婆婆"等多种形式的活动，让乡风文明美起来、浓起来、淳起来。

（三）加强家庭美德建设

推动德治在乡村治理体系中的作用，就要发挥乡村居民的主体地位。推动乡村德治建设的主体是每一个乡村居民，并且乡村治理中的德治也是为了更好地为广大乡村居民服务。因此，在乡村德治建设过程中，要强化乡村居民对乡村文化建设重要性的认知，鼓励乡村居民积极参与其中，积极培育新时代乡村核心价值观，使乡村居民可以主动地去建设本村优秀的乡村文化。广泛引导乡村居民社会主义核心价值观教育。创新优秀乡村文化，自觉推动乡村德治建设，形成讲道德、尊道德、守道德的乡村风气。

开展乡村居民道德评议活动，选出最美乡村教师、医生、家庭。运用社会舆论和道德影响的号召力形成鲜明的舆论导向。积极引导村民学习先进人物典型事迹，发挥乡村居民主体地位，传播正能量，弘扬真善美，引领乡村德治建设，用乡村道德先锋树立新时代乡村风气。

注重家风的培育和营造，促进家庭幸福美满。孝敬老人、爱护亲人是中华民族的传统美德，家庭美德是调节家庭成员内部关系的行为规范，以孝老爱亲为核心加强家庭美德建设是新时代德治建设的内在要求。在乡村"空心化"日益严重的今天，要建立关爱空巢老人、留守妇女和留守儿童服务体系，帮助他们改善生活条件。要坚持正确的致富观念，勤劳致富；坚持正确的消费观，量入而出。

第三节　推进新时代乡风文明建设

乡风文明作为乡村振兴的关键环节，不仅体现着精神文明层面的发展境界，而且为其他层面的发展提供思想保证和精神动力，在乡村振兴战略中的位置至关重要。

一、新时代乡风文明建设的着力点

（一）加强党的领导

乡村社会风气出现的问题，仅靠乡村社会的自我调节已经失灵，必须也只能依靠党委政府的主动干预和有力引导。这就需要统筹整合基层党建、宣传文化、群团组织等各方面力量，通过宣传引导和处罚监管并重，形成各部门齐抓共管协调配合的强大合力。此外，要想真正把乡风文明建设这个"虚功"实做，还需要把乡风文明纳入乡村振兴整体实施方案，通过明确指标体系、量化考评内容、加强督导问责，构建省市县乡村五级联动的农村精神文明建设工作格局。

（二）注重典型示范

乡风文明建设中发挥榜样的示范和引领作用，需要用好用活以下三种力量。一是从党员干部抓起，规范农村党员和公职人员组织参与红白喜事等重大活动的标准和报告制度，以党风政风的扭转带动乡风民风的改善。二是广泛开展"道德模范、身边好人、好媳妇、好婆婆"等各类典型选树活动，通过旗帜鲜明的肯定，树立农民群众身边的先进典型。三是弘扬传统乡贤文化，注重发挥老党员、老模范、老教师、老干部、老能人等新"乡贤五老"的示范引领作用，激励带动广大群众崇德向善、见贤思齐。

（三）充分发动群众

乡风文明建设要想起到事半功倍的效果，一定要尊重农民的主体地位，让广大农民群众参与进来，这样才能变政府单方面的宣传灌输为村民的自律和自治，让空洞说教的大道理变成群众自己的身边事，潜移默化地促进淳朴民风的形成。现在各地都在设立"一约四会"，这是充分发动群众参与的有效形式。但相对于健全组织和制度上墙，更重要的是切实发挥实质性作用，这样才可能在实践中得到群众的认同并起到约束效果。

（四）创新载体形式

文明乡风既要靠宣传倡导，更要靠实践养成，这就需要接地气的载体和形式，通过活动把群众组织起来。要像抓文明城市创建一样，设立专项经费和激励机制，在乡镇开展"文明村镇"创建活动，在农村开展"星级文明农户""五好文明家庭"评选活动，激发基层参与文明乡风建设的主动性和积极性。此外，借鉴各地实践经验，还可以"传家训、立家规、扬家风"为主题，开展家庭美德教育活动；以关爱农村留守儿童、留守妇女、留守老人为重点，推进志愿服务进农村活动，从而调动各方面力量，引导形成向上向善、敬老孝亲、重义守信的农村精神文明新风尚。

（五）建立长效机制

一方面，乡风文明是乡村振兴的长期历史任务，是一项复杂的系统工程，需要常抓不懈、久久为功；另一方面，乡风文明建设是做人心的思想工作，而且是面对科学文化素质相对较低的农民群众，这也是其在乡村振兴全局中的难点所在。因此，推进乡风文明建设，要避免形式主义，切忌搞一阵风。要探索建立乡风文明建设长效机制，同时，尽快补齐农村公共文化服务的"短板"，推动乡风文明建设制度化和常态化。

二、深化乡风文明建设的对策建议

党的十九大从党和国家事业发展全局的高度，对新时代中国特色社会主义发展作出了战略部署，要求决胜全面建成小康社会、实现第一个百年奋斗目标，并乘势而上开启全面建设社会主义现代化国家新征程，向第二个百年奋斗目标进军。推进乡风文明建设，是贯彻落实党的十九大精神的具体举措，是实施乡村振兴战略的重要内容，是深化农村精神文明建设、助力脱贫攻坚、决胜全面小康的基础工程，需要把方方面面的作用发挥出来，把各种力量凝聚起来，形成同向同力的工作局面。

（一）提升农民思想道德素质

一要加强理想信念教育。结合学习宣传贯彻党的十九大精神和实施乡村振兴战略等工作，大力宣传党的惠民政策，引导农民群众坚定跟党走中国特色社会主义道路的决心和信心。

二要加强文明素质教育。广泛开展道德模范、身边好人、新乡贤、好媳妇等各类先进典型选树活动，加大宣传力度，发挥先进典型示范作用。推动志愿服务向农村延伸，在农村广泛开展党员志愿服务活动。加强农村诚信建设，强化责任意识、规则意识、风险意识。

三要加强科技、卫生知识教育。充分利用农民夜校、各类职业技术学院、农技推广服务站等教育培训资源，鼓励支持企业、合作社组织、民营机构等参与对农民开展种植养殖技术培训、外出务工技能培训，提升农民的科技文化素质和职业技能水平。大力开展健康卫生知识教育，引导农民群众养成健康文明的生活方式。

四要加强家庭美德建设。持续深化文明家庭、星级文明户创建活动，广泛开展"传家训、立家规、扬家风"和"小手拉大手"活动，倡导尊老爱幼、男女平等、夫妻和睦、勤俭持家、邻里团结的传统家庭美德，以千千万万农民家庭的好家风支撑起广大农村的好风气。

（二）推进乡村社会移风易俗

一要坚持党员干部带头。农村党员干部既是移风易俗的推动者，更是践行者，在乡村事务管理中具有不可替代的示范带动作用。要把推动移风易俗与农村党员干部的教育管理结合起来，引导党员干部带头执行移风易俗各项规定，带头抵制各种不良风气，以自己的模范行为影响身边的群众。

二要充分发挥"一约四会"作用。通过建立切合当地实际的村规民约，规范和约束村民行为；通过建立村民议事会、道德评议会、红白理事会、禁毒禁赌协会等村民自治组织，使乡风文明建设有人管事、有章理事，广泛开展乡风、村风评议和村民道德评议，使健康有益文化占领农村思想阵地。

三要积极创新结合点和突破口。紧密联系实际，将移风易俗工作与农村物质文明、政治文明、社会文明、生态文明建设等工作有机结合，实现多种措施多层面驱动移风易俗取得实实在在的效果。

（三）弘扬乡村优秀传统文化

一要建好用活农村文化设施。以标准化、均等化为主攻方向，大力加强农村公共文化服务体系建设，保障农民群众看电视、听广播、上网、看戏、读书看报等文化权益。用好用活各类文化惠民设施，让农民群众真正得到文化享受。

二要广泛开展文化活动。注重内容的针对性，大力推进网络文化服务平台建设，让农村文化供给更优质、更精准、更便捷。要运用好文化科技卫生"三下乡"、送欢乐下基层、文艺志愿服务等平台载体，搭建文化传输的桥梁，送书送戏送电影下乡。

三要保护弘扬优秀传统文化。立足继承、创新发展优秀传统文化，充分挖掘具有农耕特质、民族特色、区域特点的乡土文化，利用农闲和各类节日组织集市灯会、戏曲、杂技、文艺演出、劳动技能比赛等民俗文化活动，不断增强农村文化生机和活力。开展特色文化小镇建设，加大传统村落保护，把优秀传统文化内涵更好、更多地融入农村生产生活各方面。

（四）完善乡风文明建设长效机制

以完善工作机制为着力点，力求乡风文明建设常态长效。

一是进一步完善领导体制和工作机制。通过建立联席会议制度、明确责任分工等方式，积极动员各方力量，整合各种资源，形成整体联动、齐抓共管的工作格局。

二是建立健全乡风文明建设目标考核评价机制。将工作目标任务加以分解，并进行定性和定量化处理，形成便于考核的各级指标体系，完善考核办法和考核结果运用，使乡风文明建设由软变硬、由虚变实，增强乡风建设工作的刚度硬度。

三是建立奖励机制。出台乡风文明的激励政策，探索实行以奖代补等方式，对乡风文明建设先进单位和个人进行奖励，调动其工作积极性。

第四节　培育新乡贤参与乡村治理

一、新乡贤的概念

关于新乡贤的概念界定，学术界尚无定论。一般而言，有德

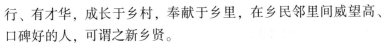

行、有才华，成长于乡村，奉献于乡里，在乡民邻里间威望高、口碑好的人，可谓之新乡贤。

新乡贤虽然根植于以"见贤思齐、崇德向善"为根本价值追求的传统乡贤文化沃土，但较之传统乡贤有其自身独特的时代内涵。从广义上讲，所谓新乡贤，是指在社会主义现代化建设新时期，与特定的乡村有一定关联、积极践行和弘扬社会主义核心价值观、支持农业农村现代化建设的贤达之士。

具体而言，成为新乡贤需要具备5个要素性条件。

一是本土性的身份要素。一般情况下，新乡贤要么是本乡本土之人，要么与特定乡村有特定的关联，即在身份上具有一定的本土性。

二是品德要素。新乡贤应是社会主义核心价值观的积极弘扬者和践行者，能够以自身的嘉言懿行垂范乡里，涵育文明乡风，助力社会主义核心价值观扎根乡村。

三是能力要素。新乡贤大多事业有成，或有资本，或善管理，或懂市场，或有一技之能，或有丰富的知识。

四是声望要素，即影响力。新乡贤受到民众的认可、信服和敬重，口碑好、威望高、知名度高，同时得到地方政府的认可和支持。

五是贡献要素。新乡贤往往为特定乡村的公益事业、文化进步或建设发展作出过突出贡献。在实践层面，对地方经济社会文化等的贡献大小，是衡量个人能力和品德的重要标尺，也是个人获得社会声誉的主要支撑。

二、新乡贤是乡村振兴的重要力量

《中共中央　国务院关于实施乡村振兴战略的意见》中明确指出，"积极发挥新乡贤作用"。新乡贤成长于乡土、奉献于乡里，在乡民邻里间威望高、口碑好，发挥了沟通农民和政府、协助政府治理的重要职能。

尽管乡贤文化受到工业化、城市化等一些因素影响，但其对于乡村健康稳定发展仍然具有重要意义，新乡贤仍然是乡村发展与建设的重要力量。尤其在行政村一级单位，很多的村"两委"对新乡贤十分倚重。新乡贤为村里发展出谋划策，帮助村民化解难题。他们守信用、有威信，一些金融机构在建立"信用村"机制时，都会将他们视为帮助村子建立信用的重要因素之一。新乡贤是宝贵的人力资源，用好新乡贤已成为共识。

一方面，要发挥在乡新乡贤的作用。与传统乡贤一样，在乡新乡贤均住在乡村，他们有的是公职人员，有的是致富能手，有的是退休回乡人员。用好他们，尤其要注重发挥他们的道德示范引领作用，因为德治是一种以道德规范和乡规民约等手段进行的乡村治理方式，具有特殊的意义和价值。当前，我国村民自治逐步成熟，法治体系日趋完善，但仍存在着一些问题亟待解决，需要以德治为基础，建立村民自愿遵守的行为准则，通过良好的道德规范引领农村社会风气的转变，更好地培育文明乡风、良好家风，不断提高乡村社会文明程度，推动乡村和谐发展。

另一方面，要发挥离乡新乡贤的作用。离乡新乡贤是时代的产物，指的是离开家乡但仍然心系家乡，以实际行动支持家乡经济社会发展的人。他们中有些人哪怕已身在海外，但心仍在故乡。他们的职业范围也更加宽泛，并取得了一定成就。他们大多资源广泛，发挥好他们的作用，有利于招商引资和招商引智，有利于乡村公益事业的发展，也有利于乡村培养爱国、爱家乡的朴素情感。

三、以新乡贤制度化参与提升乡村治理效能

新乡贤是参与乡村治理的重要社会力量。近年来，在党和国家的政策指引下，地方积极鼓励、支持新乡贤参与乡村治理，为破解乡村急难愁盼问题建言献策。然而，在乡村治理实践中，新乡贤参与乡村治理呈现出自发、无序、随机性特征，这种现实境况既不能充分发挥新乡贤的主体优势，也难以有效提升乡村治理效能。实现乡村善治、促进乡村治理现代化就必须改变新乡贤参与乡村治理的现实样态。

制度化是提升新乡贤参与效能的关键方式。推动新乡贤制度化参与乡村治理，旨在实现程序正式化、过程规范化、方式合法化。这既是乡村治理制度创新发展的重要实践，也是乡村治理制度优势转化释放为治理效能的策略途径。

（一）以制度明确新乡贤的角色功能

按照"人人有责、人人尽责、人人享有"的原则建设乡村治理共同体，形成多元主体协同共治的乡村治理新格局，是推进乡村治理现代化的内在规定。不同于西方意义上的治理共同体所强调的多中心治理，中国式的治理共同体更加重视不同治理主体在乡村治理新格局中的角色功能相互配合。

新乡贤作为乡村治理中的优势力量，其角色功能在制度设计中的体现较为模糊。尽管根据顶层制度设计，社会协同是对社会力量在治理共同体结构中角色功能的高度概括，即作为协助力量共同推进治理任务落实。但是在乡村基层的制度体系中，新乡贤如何协同、协同为何，往往内容模糊、定位不清。这种模糊化的角色功能定位导致新乡贤在乡村治理实践中往往被虚位搁置。根据田野调查，基层往往在寻求资金支持和决策意见时会给予乡贤力量更多关注，但是对于乡村治理的其他方面和内容，新乡贤却

极少能够参与。制度定位的不足，既限制了新乡贤力量发挥，又模糊了新乡贤在乡村治理主体结构中的角色位置。切实提升乡村治理效能，必须以制度明确新乡贤的角色功能。

（二）以制度规范新乡贤的参与行为

制度化治理作为公共治理常用方式和工具，可以确定治理主体的职能、规范治理主体的行为和明确不同主体的权责边界。多元主体协同共治提升治理效能，必须确保治理主体按照制度约束，在既定框架范围内朝向乡村善治的共同目标形成治理合力。从实践经验来看，职能不清、权责不明形塑的主体行动边界模糊样态，常常会在乡村治理过程中导致协同不力、各自为政，从而抵消治理合力，降低治理效能。治理合力最大化需要治理主体依照制度规范有序参与。

当前乡村治理实践对新乡贤的参与行为并没有清晰的制度规范。首先，新乡贤依照何种程序参与乡村治理并不清楚。实践中，新乡贤更像是一股源自社会的非正式力量，自发地、随机地参与乡村治理。缺失正式程序是当前新乡贤难以发挥优势能力的重要阻碍。其次，新乡贤在乡村治理过程中参与哪些环节、如何参与亦无明确规定。根据笔者田野调查经验，新乡贤发挥作用往往并无制度文本予以明示，更多则是以客观需要或者新乡贤偏好作为行动基础。这既导致新乡贤参与不足，又会陷入无序参与。最后，新乡贤参与乡村治理的方式途径缺少制度支撑。这将会削弱新乡贤参与乡村治理的合法性基础，直接后果往往是新乡贤发挥作用处于"悬浮"状态，难以获得乡村社会的广泛认可。切实提升乡村治理效能，必须以制度规范新乡贤的参与行为。

（三）以制度激励新乡贤可持续参与

维系治理主体参与的可持续性，离不开强大的参与动能作为驱动力。参与动能既来自治理主体内在的自我价值实现需要，亦

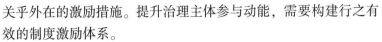

关乎外在的激励措施。提升治理主体参与动能，需要构建行之有效的制度激励体系。

乡村治理实践缺少配套的制度激励以确保新乡贤可持续参与。尽管实践中有乡村基层对新乡贤予以表彰奖励，但是这种激励方式常常呈现出非常态性特点，其激励效用大打折扣。具有公共精神是新乡贤区别于乡村社会中其他群体的重要特征。新乡贤参与乡村治理并不单纯依照"经济人"假设和市场逻辑，而是遵从公共性原则，推动乡村公共利益最大化实现，重视个人美誉和自我实现。从激励选择来看，精神激励常常对新乡贤具有较强的正向作用，这既是对新乡贤参与乡村治理成效的认可，也是对新乡贤寄予社会期望的表达。此外，政治激励亦十分重要。将新乡贤吸纳进入村级组织，能够更好完善农村基层直接民主制度体系和工作体系，增强协商民主实效。然而，无论哪一种激励方式，对于新乡贤而言都有待完善和强化，激励不足、激励不准是当前存在的主要问题。切实提升乡村治理效能，必须以制度激励新乡贤可持续参与。

参考文献

陈灿，黄璜，2019. 休闲农业与乡村旅游［M］. 长沙：湖南科学技术出版社.

孙鹤，2020. 乡村振兴战略实践路径［M］. 北京：社会科学文献出版社.

王海燕，2020. 新时代中国乡村振兴问题研究［M］. 北京：社会科学文献出版社.

王宜伦，2018. 乡村振兴战略　生态宜居篇［M］. 北京：中国农业出版社.

熊英伟，刘弘涛，杨剑，2017. 乡村规划与设计［M］. 南京：东南大学出版社.

于建伟，张晓瑞，2022. 村庄规划理论、方法与实践［M］. 南京：东南大学出版社.

赵先超，周跃云，2020. 乡村治理与乡村建设［M］. 北京：中国建材工业出版社.

周晖，马亚教，2019. 乡村振兴之乡村自治法治德治读本［M］. 北京：中国科学技术出版社.

朱建国，陈维春，王亚静，2015. 农业废弃物资源化综合利用管理［M］. 北京：化学工业出版社.